Pour Comprendre les Maths

6e

Philippe Rousseau
Professeur en collège,
Agrégé de mathématiques

Nicolas Clamart
Professeur en collège,
Agrégé de mathématiques

hachette
ÉDUCATION

Un entraînement progressif et motivant pour maîtriser tout le programme !

Nombres et calculs | **Espace et géométrie** | **Grandeurs et mesures**

▸ Ce cahier se compose de **39 séquences de révision** permettant, en 30 à 40 minutes de travail (pour les séquences de deux pages), de maîtriser la notion traitée.

Le cours
Un rappel de cours clair et précis, illustré par de nombreux exemples

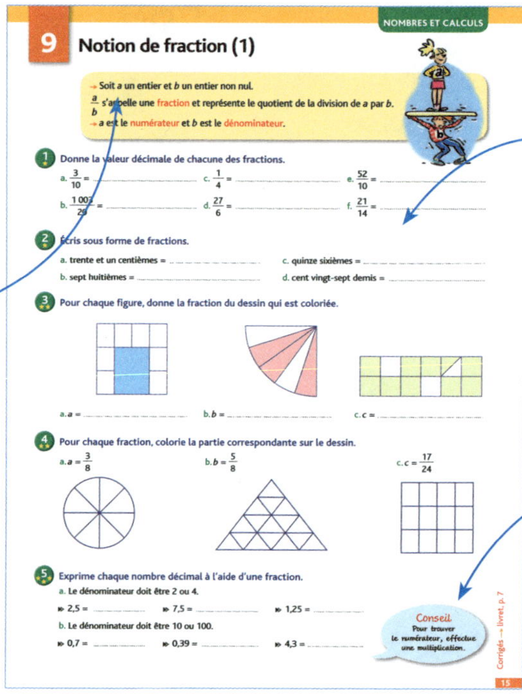
NOMBRES ET CALCULS

9 Notion de fraction (1)

→ Soit a un entier et b un entier non nul.
$\frac{a}{b}$ s'appelle une fraction et représente le quotient de la division de a par b.
→ a est le numérateur et b est le dénominateur.

1 Donne la valeur décimale de chacune des fractions.
a. $\frac{3}{10}$ = …… c. $\frac{1}{4}$ = …… e. $\frac{52}{10}$ = ……
b. $\frac{1\,005}{25}$ = …… d. $\frac{27}{6}$ = …… f. $\frac{21}{14}$ = ……

2 Écris sous forme de fractions.
a. trente et un centièmes = …… c. quinze sixièmes = ……
b. sept huitièmes = …… d. cent vingt-sept demis = ……

3 Pour chaque figure, donne la fraction du dessin qui est coloriée.
a. a = …… b. b = …… c. c = ……

4 Pour chaque fraction, colorie la partie correspondante sur le dessin.
a. $a = \frac{3}{8}$ b. $b = \frac{5}{8}$ c. $c = \frac{17}{24}$

5 Exprime chaque nombre décimal à l'aide d'une fraction.
a. Le dénominateur doit être 2 ou 4.
▸ 2,5 = …… ▸ 7,5 = …… ▸ 1,25 = ……
b. Le dénominateur doit être 10 ou 100.
▸ 0,7 = …… ▸ 0,39 = …… ▸ 4,3 = ……

Conseil
Pour trouver le numérateur, effectue une multiplication.

Corrigés → livret, p. 7

15

S'entraîner
Des exercices gradués (faciles ★ à plus difficiles ★★★) pour un entraînement progressif

Encadrés « À savoir », « Conseil », « Attention ! »
Des rappels de cours ou conseils au fil des exercices

▸ **Des bilans** sous forme de QCM ludiques, avec notation, sont proposés à la fin de chaque grande partie du cahier.

▸ **Tous les corrigés des exercices et des bilans** figurent dans le Livret Parents détachable, au centre du cahier.

▸ Vous trouverez aussi, dans le cahier central détachable, **le programme officiel de mathématiques de la 6e et des conseils** pour bien accompagner l'enfant tout au long de l'année.

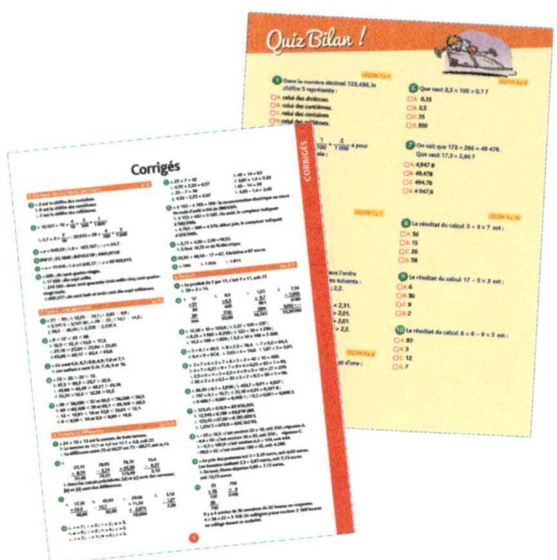

ISBN 978-2-01-708156-2

www.hachette-education.com

Crédits photographiques
Page de couverture du Livret Parents : © Shutterstock / Monkey Business Images

Illustrations d'intérieur : Dominique Fages
Réalisation PAO : Grafatom

Sommaire

+ À détacher
au centre du cahier

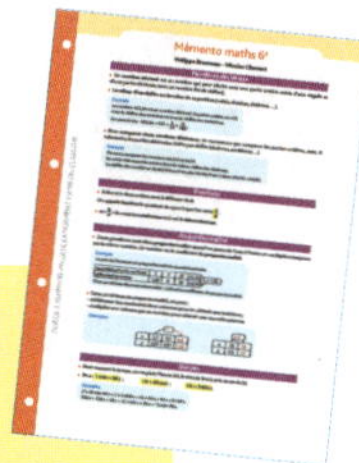

- **Un Mémento des savoirs indispensables**
- **Le Livret Parents, avec :**
  - Tous les corrigés des exercices et des bilans
  - Des conseils pour bien accompagner l'enfant
  - Le programme officiel

Nombres et calculs

Espace et géométrie

Grandeurs et mesures

1 Écriture des nombres décimaux

→ Un **nombre décimal** est un nombre qui peut s'écrire avec une partie entière suivie d'une virgule et d'une partie décimale (avec un nombre fini de chiffres).

→ La **valeur d'un chiffre** est fonction de sa position (unités, dizaines, dixièmes...).

→ Aide-toi du tableau donné en début d'ouvrage sur la page de couverture.

1 ★ **Donne la valeur de différents chiffres dans le nombre 1 234,567 8.**

Exemple : 4 est le chiffre des unités.

a. 2 est : .... c. 7 est : ....

b. 6 est : ....

2 ★ **Écris chaque nombre décimal comme la somme d'un entier et de fractions.**

Exemple : $18{,}26 = 18 + \frac{2}{10} + \frac{6}{100}$.

a. 12,421 = ... c. 29,043 = ...

b. 3,7 = ...

3 ★★ **Écris les nombres suivants sous forme décimale.**

a. $a = 643 + \frac{23}{100} =$ ....

b. $b = 425 + \frac{1}{10} + \frac{7}{1\,000} =$ ....

c. $c = 23 + \frac{17}{10} =$ ....

L'écriture décimale peut comporter une décimale nulle.

4 ★★ **Barre les zéros inutiles.**

Exemple : 052,300 donne ~~0~~52,3~~00~~.

0 012 25,100 0 043,010 4 900,001 0

5 ★★ **Les nombres suivants sont écrits en lettres. Écris-les en chiffres.**

a. douze mille neuf cent soixante-seize : $a =$ ....

b. mille six cent quarante-trois et dix-sept centièmes : $b =$ ....

c. soixante mille vingt-trois et quinze millièmes : $c =$ ....

6 ★★★ **Les nombres suivants sont écrits en chiffres. Écris-les en lettres.**

a. 680 : ....

b. 17 000 : ....

c. 243 583 : ....

d. 608,317 : ....

Corrigés → livret, p. 5

2 Ordre – Encadrement

→ Pour comparer deux nombres décimaux, on commence par comparer les parties entières, puis, si cela est nécessaire, les parties décimales chiffre par chiffre (dixièmes, centièmes...).

→ 3 < 3,67 < 4 est un **encadrement** de 3,67 à l'unité : 3,67 est compris entre 3 et 4.

3,6 < 3,67 < 3,7 est un **encadrement** de 3,67 au dixième.

1 ★ **Complète avec les symboles « < », « > » ou « = ».**

a. 31 ..<.. 63

b. 12,23 ..<.. 13,1

c. 9,83 ..<.. 9,9

d. 3,141 5 ..=.. 3,141 50

e. 78 ..>.. 72

f. 14,1 ..<.. 14,5

g. 36,5 ..>.. 36,44

h. 2,728 ..>.. 2,726 5

2 ★ **Range dans l'ordre croissant (du plus petit au plus grand).**

a. 17 ; 9 ; 35 ; 68 ; 9 < 17 < 35 < 68

b. 12,3 ; 17,5 ; 12, 9 ; 15,6 ; 12,3 < 12,9 < 15,6 < 17,5

c. 25,94 ; 25,16 ; 25,97 ; 25,34 ; 25,16 < 25,34 < 25,94 < 25,97

d. 63,05 ; 63,8 ; 63,4 ; 63,17 ; 63,05 < 63,17 < 63,4 < 63,8

Conseil
Tu peux ajouter un 0 à droite d'une écriture décimale pour transformer 63,8 en 63,80 et 63,4 en 63,40.

3 ★★ **Réponds aux deux questions.**

a. Indique tous les nombres décimaux avec une décimale, compris entre 6,53 et 7,12.

» 6,5 ; 6,6 ; 6,7 ; 6,8 ; 6,9 ; 7,0 ; 7,1

b. Écris tous les nombres entiers x qui vérifient $4,5 < x < 10,8$.

» 5 ; 6 ; 7 ; 8 ; 9 ; 10

4 ★★ **Range dans l'ordre décroissant (du plus grand au plus petit).**

a. 73 ; 12 ; 33 ; 25 ; 73 > 33 > 25 > 12

b. 38,3 ; 47,5 ; 22, 9 ; 25,7 ; 47,5 > 38,3 > 25,7 > 22,9

c. 43,49 ; 43,68 ; 43,18 ; 43,21 ; 43,68 > 43,49 > 43,21 > 43,18

d. 12,26 ; 12,2 ; 12,3 ; 12,31 ; 12,31 > 12,3 > 12,26 > 12,2

5 ★★ **Pour chacun des nombres suivants, donne l'encadrement à l'unité et l'encadrement au dixième.**

a. 56,268 :

encadrement à l'unité : 56 < 56,268 < 57 — encadrement au dixième : 56,2 < 56,268 < 56,3

b. 69,108 :

encadrement à l'unité : 69 < 69,108 < 70 — encadrement au dixième : 69,1 < 69,108 < 69,2

c. 12,01 :

encadrement à l'unité : 12 < 12,01 < 13 — encadrement au dixième : 12,0 < 12,01 < 12,1

d. 9,99 :

encadrement à l'unité : 9 < 9,99 < 10 — encadrement au dixième : 9,9 < 9,99 < 10,0

Corrigés → livret, p. 5

3 Somme et différence

→ Soit *a* et *b* deux nombres. *a* + *b* est la **somme des deux termes** *a* et *b*.
Ex. : 13,5 + 6,2 = 19,7 : 19,7 est la somme des deux termes 13,5 et 6,2.
→ Soit *a* et *b* deux nombres. *a* – *b* est la **différence entre les termes** *a* et *b*.
Ex. : 28,1 – 5,5 = 22,6 : 22,6 est la différence entre les deux termes 28,1 et 5,5.
→ **Attention :** dans une différence, l'ordre des termes est important.

1 ★★ **Complète avec des mots ou des expressions de calcul.**

a. 24 + 76 + 13 est la .... de .... termes.
b. La somme de 17,1 et 4,9 est : ....
c. La différence entre 75 et 68,27 est : ....

On ne demande pas d'effectuer les calculs.

2 ★ **Effectue les opérations, puis complète la phrase avec les mots qui conviennent.**

a.

(a)	(b)	(c)	(d)
23,15	78,95	78,19	13,4
+ 8,34	– 2,74	+ 35,30	– 8,27
....	....	....	....

b. Dans les calculs précédents, (a) et (c) sont des .... ; (b) et (d) sont des ....

3 ★★ **Pose et effectue les opérations suivantes.**

a. 17,56 + 23,3 b. 45,63 – 12,7 c. 29,66 + 11,36 + 2,874 d. 3,56 – 1,27

Conseil
Aligne les virgules en posant les opérations.

4 ★★ **Trouve la valeur des chiffres cachés sous les symboles.**

a.
  ♣ ♦ ♥ ♠
+ 1 3 5 6
= 8 8 7 9

♣ = ... ♦ = ... ♥ = ... ♠ = ...

b.
  ♠ 3 5 ♦
+ 1 ♣ ♥ 6
= 4 2 9 8

♣ = ... ♦ = ... ♥ = ... ♠ = ...

c.
  7 6 8 9
– ♥ ♦ ♣ ♠
= 1 5 3 4

♣ = ... ♦ = ... ♥ = ... ♠ = ...

5 ★★ **Effectue en ligne les calculs suivants.**

a. 25 + 7 = ...
b. 49 + 14 = ...
c. 4,32 + 2,25 = ...
d. 3,85 + 1,4 = ...
e. 25 – 7 = ...
f. 49 – 14 = ...
g. 4,32 – 2,25 = ...
h. 3,85 – 1,4 = ...

6 Résous ce problème de compteur électrique.

Au 1er juillet, on a relevé 4 765 kWh au compteur électrique de la maison.

a. Au 1er août, le compteur indiquait 5 153 kWh.
Quelle a été la consommation électrique au cours du mois de juillet ?

Conseil
Pour chaque question, pose une opération, effectue-la et conclus par une phrase.

» ....

....

b. En août, on a consommé 432 kWh. Que peut-on lire sur le compteur à la fin du mois ?

» ....

....

c. En juin, on avait consommé 389 kWh. Qu'indiquait le compteur au début du mois de juin ?

» ....

....

7 Détermine la longueur de fil nécessaire.

Quelle longueur de fil électrique faut-il acheter pour fabriquer trois rallonges : l'une de 3,75 m, la deuxième de 4,30 m et la dernière de 2,50 m ?

Conseil
Tu peux poser l'opération pour t'aider.

a. Écris les opérations effectuées :

» ....

....

....

....

b. Conclus par une phrase :

» ....

8 Détermine la somme d'argent que possède Christine.

Xavier a 35,50 euros dans sa tirelire. Son grand-père lui donne 48,50 euros. En tout, il a maintenant 17 euros de plus que sa sœur Christine.

» ....

....

....

....

....

9 Détermine les nombres inconnus.

a. La somme de 998 et d'un nombre inconnu vaut 1 782 : le nombre inconnu est ....

b. La différence entre 2015 et un nombre plus petit est 65 : le petit nombre vaut ....

c. La différence entre un grand nombre et 1 245 vaut 566 : le grand nombre vaut ....

Corrigés → livret, p. 5

4 Produit

→ Un **produit** est le résultat d'une multiplication. Chacun des nombres qu'on multiplie est un **facteur**.

Ex. : $60 = 4 \times 5 \times 3$; 60 est le produit des trois facteurs 4, 5 et 3.

→ Dans un produit de nombres décimaux, le nombre de décimales du produit est égal à la somme des nombres de décimales des facteurs.

1 ★ **Effectue les calculs.**

a. Calcule le produit de 7 par 11 : ....

b. Écris 28 comme le produit de deux facteurs dont l'un est 2 : ....

2 ★ **Pose et effectue les multiplications.**

a. 12×37 b. $8{,}6 \times 6{,}5$ c. $1{,}23 \times 8{,}7$ d. $7{,}56 \times 7{,}005$

3 ★★ **Complète les calculs.**

a. $12{,}36 \times 10 =$ ....

b. $5{,}37 \times 100 =$ ....

c. $8{,}25 \times 1\,000 =$ ....

d. $123 \times 10 =$ ....

e. $10{,}2 \times 100 =$ ....

f. $3{,}2 \times 10 \times 100 =$ ....

À savoir
Pour multiplier par 10, 100, 1 000, il suffit de déplacer la virgule de un, deux ou trois rangs vers la droite.

4 ★★ **Calcule en ligne.**

a. $5 \times 6{,}1 =$ ....

b. $8 \times 2{,}3 =$ ....

c. $7 \times 9{,}2 =$ ....

d. $6{,}4 \times 9 =$ ....

e. $3{,}65 \times 4 =$ ....

f. $1{,}67 \times 3 =$ ....

5 ★★ **En effectuant des regroupements bien choisis, calcule sans poser d'opération.**

a. $5 \times 7 \times 6 \times 2 =$ ....

b. $4 \times 7 \times 0{,}25 \times 9 =$ ....

c. $2{,}5 \times 9 \times 4 \times 3 =$ ....

d. $32 \times 2 \times 3 \times 0{,}5 =$ ....

Conseil
Dans une multiplication, on peut changer l'ordre des facteurs sans changer le produit.

6 ★★ **Complète les calculs.**

a. $26{,}39 \times 0{,}1 =$ ....

b. $453{,}7 \times 0{,}01 =$ ....

c. $157 \times 0{,}1 =$ ....

d. $32{,}18 \times 0{,}01 =$ ....

e. $8\,468{,}1 \times 0{,}001 =$ ....

f. $0{,}2 \times 0{,}001 =$ ....

À savoir
Pour multiplier par 0,1 ; 0,01 ; 0,001, il suffit de déplacer la virgule de un, deux ou trois rangs vers la gauche.

7 Sans calculatrice, complète les produits.

On sait que 12 345 × 6 789 = 83 810 205.

a. 123,45 × 678,9 = ...

b. 12,345 × 6,789 = ...

c. 123,45 × 67,89 = ...

d. 1,234 5 × 678,9 = ...

8 Travaille sur les ordres de grandeurs.

Exemple : pour trouver un ordre de grandeur du produit de 7,6 × 10,1, on peut calculer simplement 7,6 × 10 et on obtient 76, valeur proche du résultat exact qui est 76,76.

a. Pour chacun des produits suivants, trois nombres *A*, *B* et *C* sont proposés.
Sans poser d'opération, entoure parmi ces trois nombres, le résultat le plus proche de produit.

• 35 × 10,5 : *A* = 350 *B* = 3 500 *C* = 35.

• 9,8 × 55 : *A* = 5 500 *B* = 55 *C* = 550.

b. Détermine un ordre de grandeur des produits suivants :

• 6,3 × 100,9 : ....

• 99,8 × 42 : ....

9 Résous le problème.

Au marché, Pierre achète 3 kilos de pommes à 2,20 euros le kilo et 2,5 kilos de tomates à 2,85 euros le kilo.

a. Calcule le prix des pommes, puis celui des tomates.

....

....

b. Quelle est sa dépense totale ?

....

10 Combien d'heures un collégien passe-t-il au collège durant sa scolarité ? Pose les multiplications nécessaires.

Un collégien va en classe en moyenne 22 heures par semaine.

L'année scolaire dure 36 semaines.

On est au collège de la 6e à la 3e.

....

....

....

....

....

....

....

....

....

Corrigés → livret, p. 5

5 Enchaînements d'opérations

Quand on effectue un enchaînement d'opérations, on doit **respecter l'ordre** suivant :
– effectuer d'abord les calculs entre parenthèses,
– effectuer ensuite les multiplications,
– effectuer en dernier les additions et les soustractions, de la gauche vers la droite.
Ex. : $5 + 2 \times (4 + 3) = 5 + 2 \times 7 = 5 + 14 = 19$.

1 ★ **Effectue en ligne les calculs suivants.**

a. $6 + 3 \times 4 =$ ....

b. $12 - 3 \times 3 =$ ....

c. $5 \times 4 + 3 =$ ....

d. $6 \times 4 - 13 =$ ....

2 ★★ **Effectue les calculs suivants en les posant.**

a. $6{,}5 + 2{,}1 \times 5$

b. $25{,}9 - 4{,}3 \times 6$

c. $9{,}7 \times 6 + 13$

d. $8 \times 3{,}7 - 21{,}7$

3 ★★ **Effectue en ligne les calculs suivants.**

a. $(7 + 3) \times 4 =$ ....

b. $(9 - 4) \times 7 =$ ....

c. $5 \times (4 + 3) =$ ....

d. $6 \times (12 - 5) =$ ....

4 ★★ **Effectue en ligne les calculs suivants.**

a. $12 + 5 \times (3 + 6) =$ ....

b. $29 - (9 - 5) \times 7 =$ ....

5 ★★ **Place si besoin des parenthèses pour que les égalités soient vraies.**

a. $5 + 6 \times 8 = 88$

b. $6 \times 3 + 4 + 2 = 44$

6 ★★★ **Résous le problème suivant.**

Paolo achète dans un magasin quatre DVD à 7,50 € l'unité et trois CD à 4,90 € l'unité.

a. Écris un enchaînement d'opérations permettant de calculer la somme payée par Paolo.

» ....

....

b. Combien va-t-il payer ? Pose les calculs.

» ....

....

7 ★★★ **Résous le problème suivant.**

À son goûter d'anniversaire, Julie donne à chaque invité cinq bonbons à son arrivée et huit bonbons à son départ. Elle a invité huit personnes, et elle avait acheté 140 bonbons.

a. Écris un enchaînement d'opérations pour déterminer combien de bonbons vont rester à Julie après son goûter d'anniversaire.

» ....

....

b. Effectue cet enchaînement d'opérations pour savoir combien il reste de bonbons à Julie.

» ....

....

Corrigés → livret, p. 6

6 Partage et division

Le dessin ci-dessous représente le partage de 17 objets en 3 paquets identiques.
Il y a 5 objets par paquet et il reste 2 objets qu'on ne peut pas partager.
Cela correspond à la division ci-dessous :

17	3
2	5

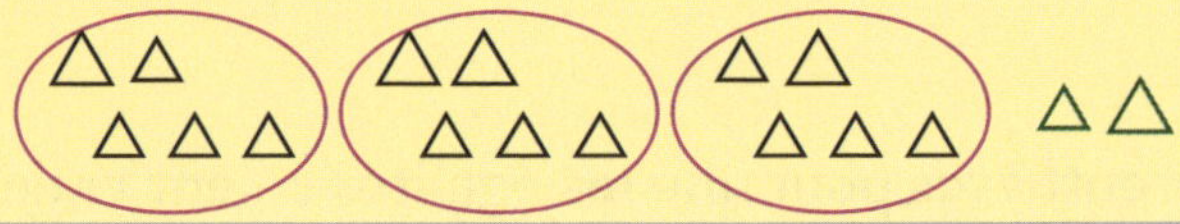

1 Effectue les partages demandés et écris les divisions correspondantes.

a. 13 objets en 4 paquets identiques.

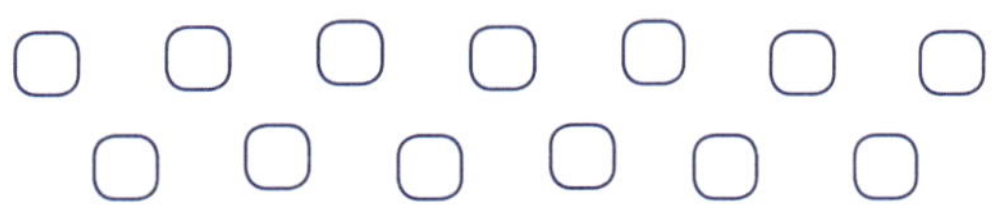

13	

b. 24 objets en 5 paquets identiques.

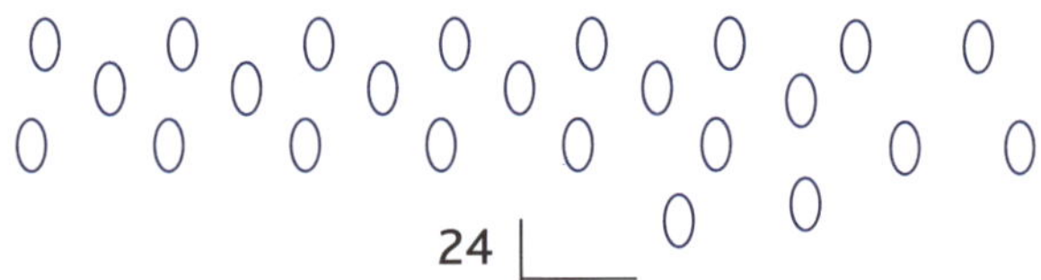

24	

2 Illustre chaque division par un dessin.

a.

13	2
1	6

b.

17	6
5	2

3 Écris la division de 27 par 9 et illustre la situation à l'aide d'un dessin.

Il faut faire 9 paquets et non des paquets de 9 éléments.

4 Résous le problème suivant.

Jean doit faire 3 paquets identiques avec 20 bonbons.

a. Représente la situation à l'aide d'un dessin.

b. Écris la division correspondante.

c. Combien doit-il mettre de bonbons par paquet ?

» ....

d. Combien reste-t-il de bonbons en dehors des paquets ?

» ....

Corrigés → livret, p. 6

7 Technique de la division

Ex. : division de 375 par 7

375 ⎸ 7 ⎸ 5	375 ⎸ 7 − 35 ⎸ 5 2	375 ⎸ 7 − 35 ⎸ 53 25	375 ⎸ 7 − 35 ⎸ 53 25 − 21 4
En 37, il va 5 fois 7, car 5 × 7 = 35.	On enlève 35 de 37 ; il reste 2.	On abaisse le 5. En 25, il va 3 fois 7, car 3 × 7 = 21.	On enlève 21 de 25 ; il reste 4.

N.B. : On peut ne pas poser les soustractions en **vert**.

1 Effectue les divisions suivantes en posant les soustractions.

a. 319 ⎸ 5

b. 3 815 ⎸ 8

c. 314 ⎸ 10

d. 494 ⎸ 12

2 Résous le problème.

Pour s'acheter un vélo qui coûte 126 euros, Éric décide d'économiser la même somme d'argent pendant 6 mois. Il souhaite connaître le montant mensuel à épargner.

a. Quelle opération doit-il faire ?

» ....

....

....

b. Réalise cette opération ci-contre.

c. Complète : il doit épargner .... chaque mois.

3 Effectue les divisions sans poser les soustractions.

a. 231 ⎸ 4

b. 634 ⎸ 2

c. 735 ⎸ 11

d. 1 356 ⎸ 21

4 Détermine les longueurs demandées.

a. Le périmètre de la figure ci-dessous est 36 cm. Calcule la longueur *AB*.

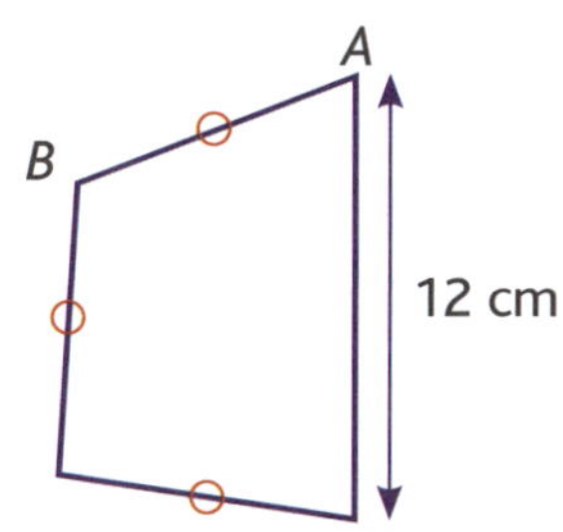

» ....

....

....

b. Quelle serait la longueur du côté d'un carré qui aurait le même périmètre ?

» ....

....

....

À savoir
Le périmètre d'un carré de côté *a* est 4 × *a*.

Corrigés → livret, p. 6

8 Déplacement de virgules

opération		déplacement de la virgule
multiplication par 10	division par 0,1	1 rang vers la droite
multiplication par 100	division par 0,01	2 rangs vers la droite
multiplication par 1 000	division par 0,001	3 rangs vers la droite
etc.		
multiplication par 0,1	division par 10	1 rang vers la gauche
multiplication par 0,01	division par 100	2 rangs vers la gauche
multiplication par 0,001	division par 1 000	3 rangs vers la gauche

1 Calcule mentalement les produits.

a. 12,35 × 10 = ...

b. 35,67 × 100 = ...

c. 15 × 100 = ...

d. 35,65 × 0,1 = ...

e. 49,1 × 0,001 = ...

f. 3 124 × 0,01 = ...

2 Calcule mentalement les quotients.

a. 1,35 ÷ 10 = ...

b. 678,9 ÷ 100 = ...

c. 48 ÷ 100 = ...

d. 23,2 ÷ 0,1 = ...

e. 49,1 ÷ 0,001 = ...

f. 0,245 ÷ 0,01 = ...

3 Complète les égalités.

a. 45,23 × .... = 452,3

b. 23,578 9 × .... = 2 357,89

c. .... × 123,4 = 12,34

d. 753,159 × .... = 0,753 159

e. 1 984,2 ÷ .... = 19,842

f. 32,54 ÷ .... = 325,4

4 Complète chaque calcul comme dans l'exemple.

Exemple : Un dixième de 2,34, c'est 2,34 × 0,1, soit 0,234.

a. Un centième de 12,16, ...

b. Un millième de 74,85, ...

c. Le centuple de 1,325, ...

5 Complète avec un symbole « × » ou « ÷ ».

a. 324 .... 1 000 = 0,324

b. 26,84 .... 0,01 = 2 684

c. 12 345 .... 100 = 123,45

d. 8,5 .... 0,1 = 85

e. 3,56 .... 0,001 = 0,003 56

f. 98,15 .... 1 000 = 98 150

6 Complète avec les mots *dixième*, *centième* et *centuple*.

a. 6,243, c'est le .... de 624,3.

b. Un .... de 45, c'est 4,5.

c. Le .... de 2, c'est 200.

À savoir
Le centuple d'un nombre x, c'est 100 × x.

Corrigés → livret, p. 6

9 Notion de fraction (1)

→ Soit *a* un entier et *b* un entier non nul.

$\frac{a}{b}$ s'appelle une **fraction** et représente le quotient de la division de *a* par *b*.

→ *a* est le **numérateur** et *b* est le **dénominateur**.

1 ★ **Donne la valeur décimale de chacune des fractions.**

a. $\frac{3}{10}$ = ...

c. $\frac{1}{4}$ = ...

e. $\frac{52}{10}$ = ...

b. $\frac{1\,003}{20}$ = ...

d. $\frac{27}{6}$ = ...

f. $\frac{21}{14}$ = ...

2 ★ **Écris sous forme de fractions.**

a. trente et un centièmes = ...

c. quinze sixièmes = ...

b. sept huitièmes = ...

d. cent vingt-sept demis = ...

3 ★★ **Pour chaque figure, donne la fraction du dessin qui est coloriée.**

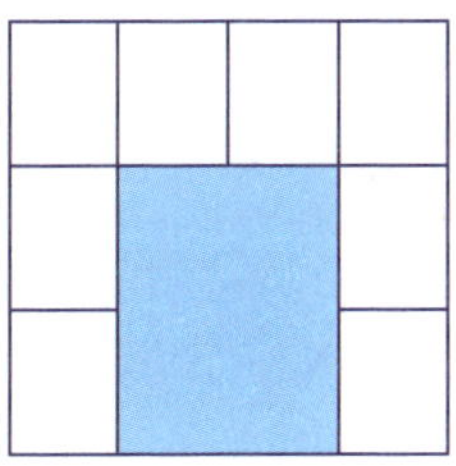

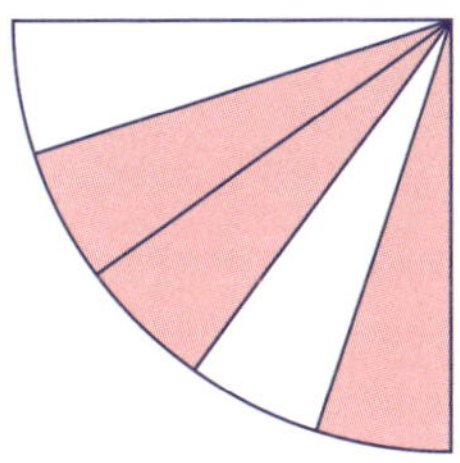

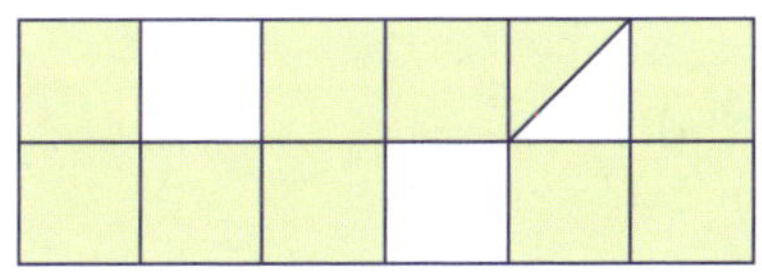

a. *a* = ...

b. *b* = ...

c. *c* = ...

4 ★★ **Pour chaque fraction, colorie la partie correspondante sur le dessin.**

a. $a = \frac{3}{8}$

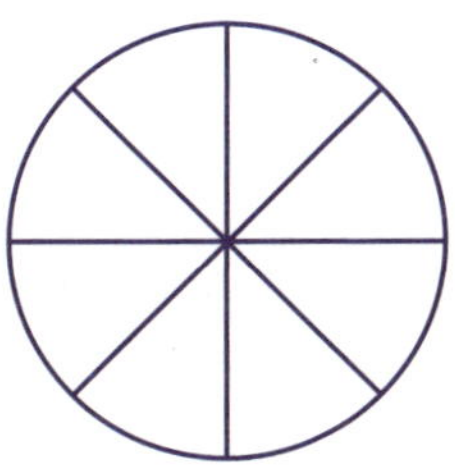

b. $b = \frac{5}{8}$

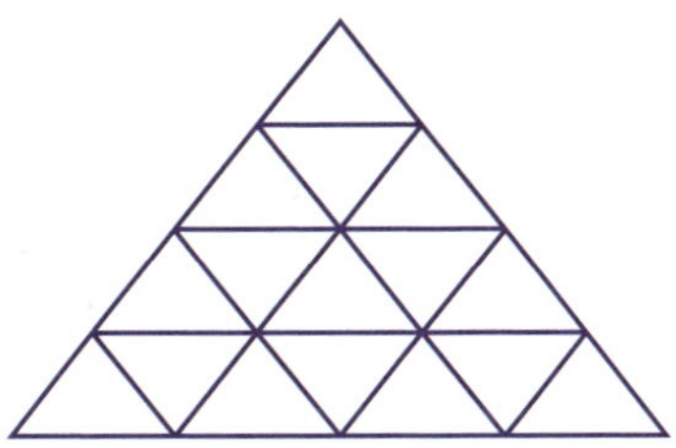

c. $c = \frac{17}{24}$

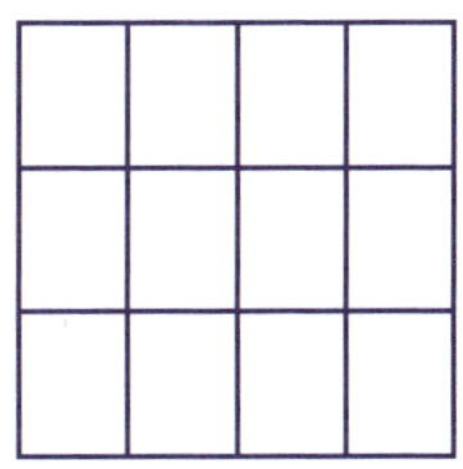

5 ★★★ **Exprime chaque nombre décimal à l'aide d'une fraction.**

a. Le dénominateur doit être 2 ou 4.

» 2,5 = ...

» 7,5 = ...

» 1,25 = ...

b. Le dénominateur doit être 10 ou 100.

» 0,7 = ...

» 0,39 = ...

» 4,3 = ...

Conseil
Pour trouver le numérateur, effectue une multiplication.

Corrigés → livret, p. 7

10 Notion de fraction (2)

→ **Multiplier par $\frac{1}{2}$** revient à prendre la moitié, donc à **diviser par 2**.

→ **Multiplier par $\frac{1}{4}$** revient à prendre le quart, donc à **diviser par 4**.

→ On peut **additionner deux fractions qui ont le même dénominateur**, en gardant le dénominateur commun et en additionnant les numérateurs.

Ex. : $\frac{3}{10} + \frac{5}{10} = \frac{8}{10}$.

→ On a $\frac{a}{b} \times b = a$.

Ex. : $\frac{2}{7} \times 7 = 2$.

1 ★ **Effectue les additions suivantes.**

a. $\frac{5}{100} + \frac{12}{100} =$ ....

b. $\frac{26}{1\,000} + \frac{45}{1\,000} =$ ....

c. $\frac{12}{25} + \frac{23}{25} =$ ....

d. $\frac{5}{7} + \frac{4}{7} =$ ....

2 ★ **Complète les égalités suivantes.**

a. $\frac{4}{8} \times 8 =$ ....

b. $\frac{12}{17} \times 17 =$ ....

c. $25 \times \frac{13}{25} =$ ....

d. $18 \times \frac{51}{18} =$ ....

3 ★★ **Complète les égalités suivantes.**

a. 4 × .... = 8

b. 7 × .... = 10

c. 5 × .... = 11

d. 3 × .... = 17

À savoir
Il faut utiliser $a \times \frac{b}{a} = b$.

4 ★★ **Effectue les calculs suivants en appliquant la même méthode que dans l'exemple.**

Exemple : $10 \times \frac{1}{2} = 10 \div 2 = 5$.

a. $24 \times \frac{1}{2} =$ ....

b. $13 \times \frac{1}{2} =$ ....

c. $28 \times \frac{1}{4} =$ ....

d. $18 \times \frac{1}{4} =$ ....

Corrigés → livret, p. 7

11 Repérage et décimaux

À chaque point d'une droite graduée régulièrement correspond un nombre : c'est son **abscisse**.

Ex. :

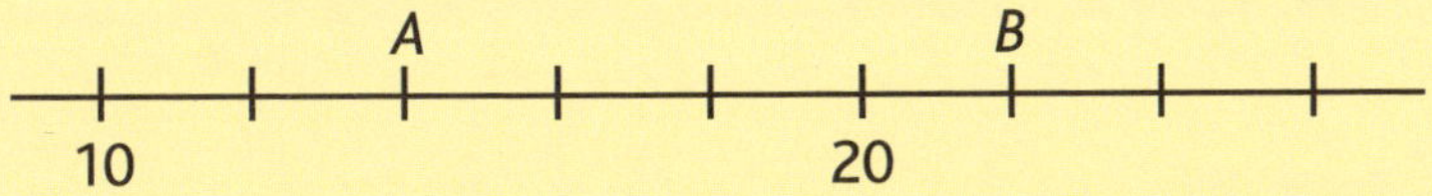

Les graduations sont régulières et une graduation correspond à 2 unités.
L'abscisse de *A* est donc 14 et celle de *B* est 22.

1 Donne l'abscisse des points *A*, *B* et *C*.

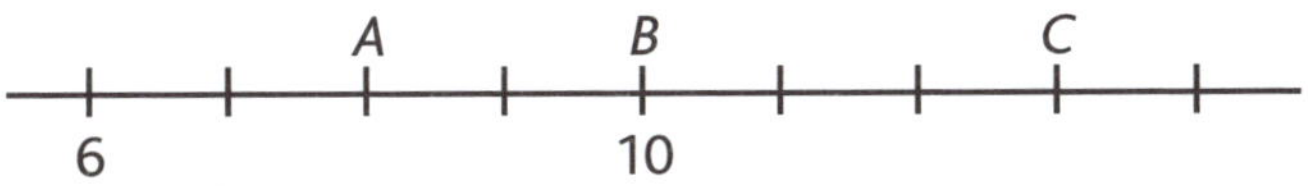

a. L'abscisse de *A* est ....   b. L'abscisse de *B* est ....   c. L'abscisse de *C* est ....

2 Après avoir identifié la graduation, donne l'abscisse de chaque point.

a.

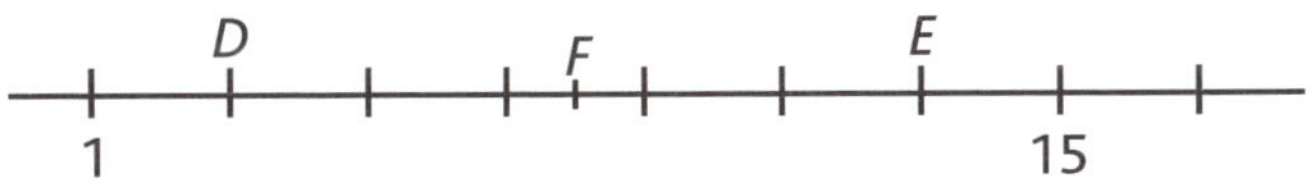

• L'abscisse de *D* est ....   • L'abscisse de *E* est ....   • L'abscisse de *F* est ....

b.

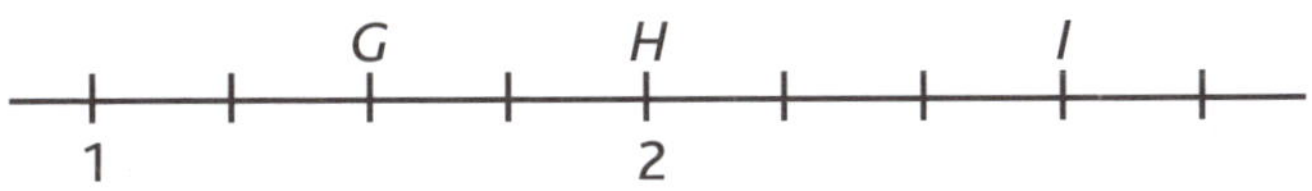

• L'abscisse de *G* est ....   • L'abscisse de *H* est ....   • L'abscisse de *I* est ....

3 Sur chaque droite graduée, place les points donnés.

Un point *M* d'abscisse 2 se note *M* (2).

a. *A* (3) ; *B* (5) ; *C* (10).

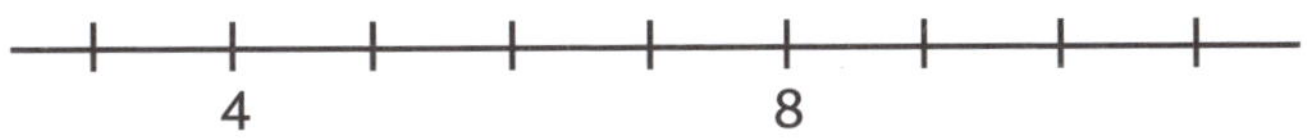

b. *D* (20) ; *E* (100) ; *F* (85).

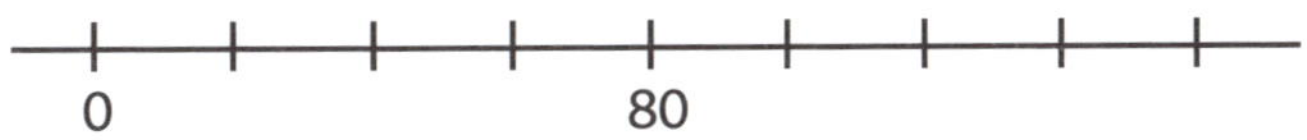

c. *G* (3,3) ; *H* (3,5) ; *U* (2,85).

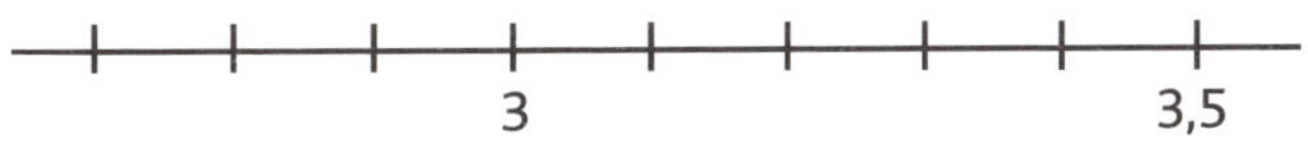

4 Résous le problème.

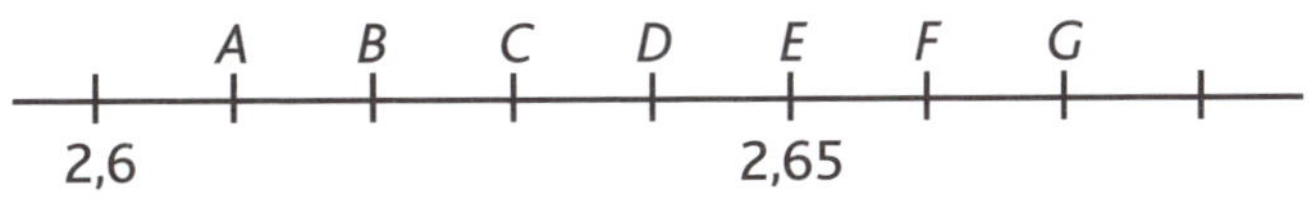

Conseil
Trouve d'abord la valeur d'une graduation.

a. Donne l'abscisse d'un point situé entre *B* et *C*.

» ....

b. Nomme les points entre lesquels se situe le point d'abscisse 2,661 2.

» ....

....

Corrigés → livret, p. 7

12 Utiliser Scratch

L'adresse internet de cette application est : https://scratch.mit.edu/.

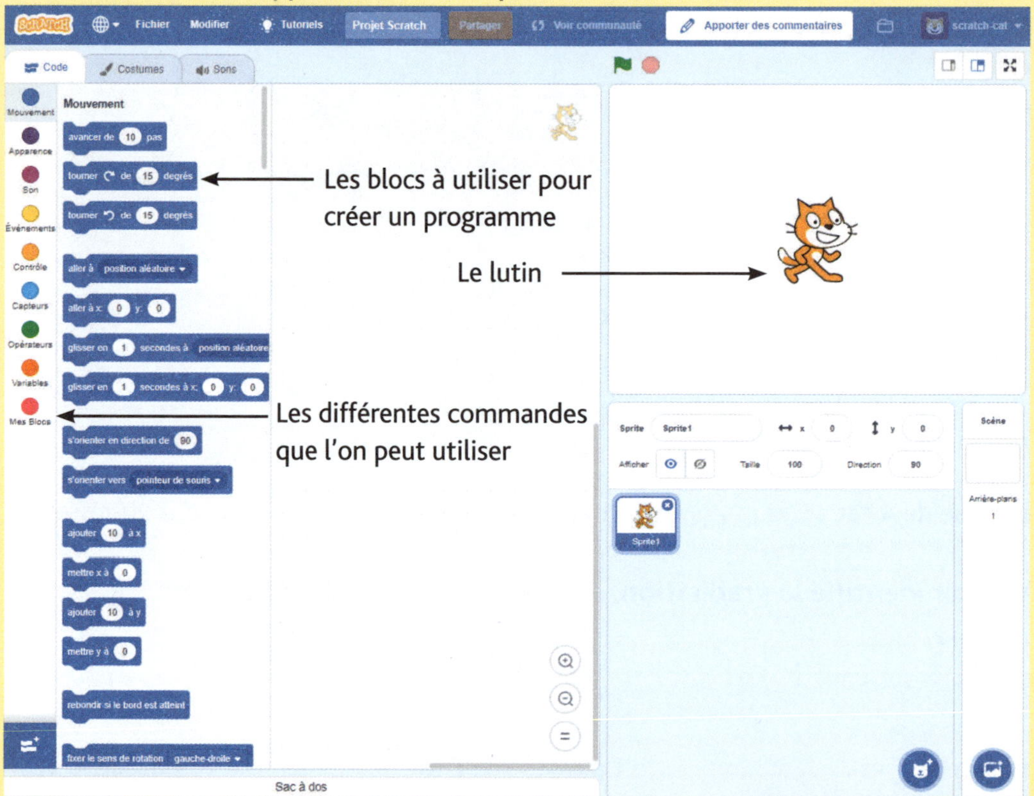

1 Dessine ce que va faire le lutin en suivant les programmes ci-dessous.

À savoir
S'orienter de 90, c'est s'orienter vers la droite

a.

```
quand [drapeau] est cliqué
s'orienter en direction de (90)
stylo en position d'écriture
avancer de (100) pas
tourner ↻ de (90) degrés
avancer de (50) pas
```

b.

```
quand [drapeau] est cliqué
s'orienter en direction de (90)
stylo en position d'écriture
avancer de (100) pas
tourner ↻ de (90) degrés
avancer de (100) pas
tourner ↻ de (90) degrés
avancer de (100) pas
tourner ↻ de (90) degrés
avancer de (100) pas
tourner ↻ de (90) degrés
```

c.

```
quand [drapeau] est cliqué
s'orienter en direction de (90)
stylo en position d'écriture
répéter (6) fois
    avancer de (100) pas
    tourner ↻ de (60) degrés
```

2 Construis un script.

On donne la figure ci-contre et les blocs ci-dessous.

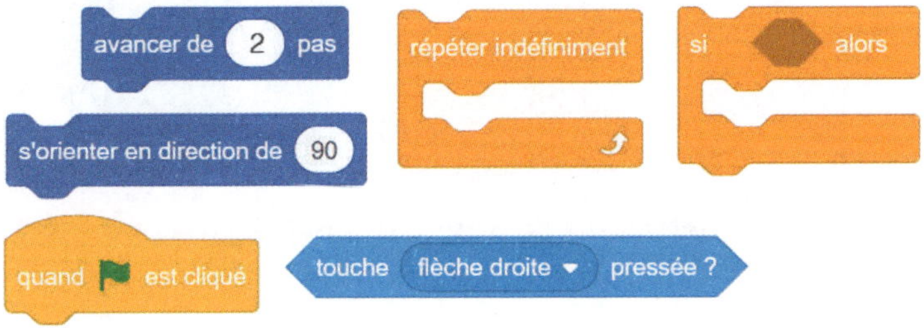

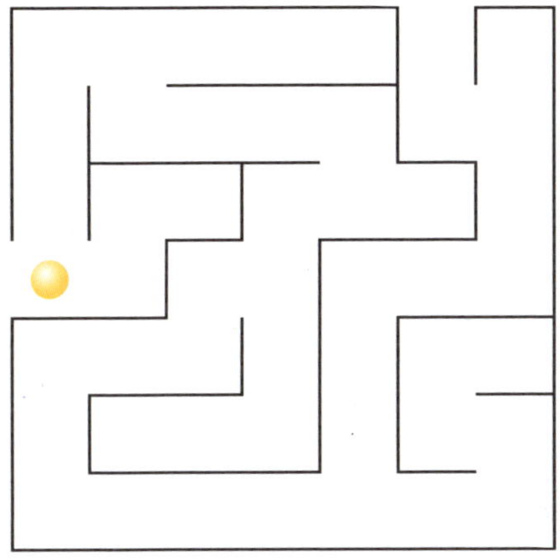

a. En utilisant les blocs, écris un script qui va faire que la balle bougera à droite quand on appuiera sur la flèche droite.

b. Écris les scripts équivalents pour les flèches gauche, haut et bas.

3 Complète le script ci-dessous pour obtenir la figure ci-contre.

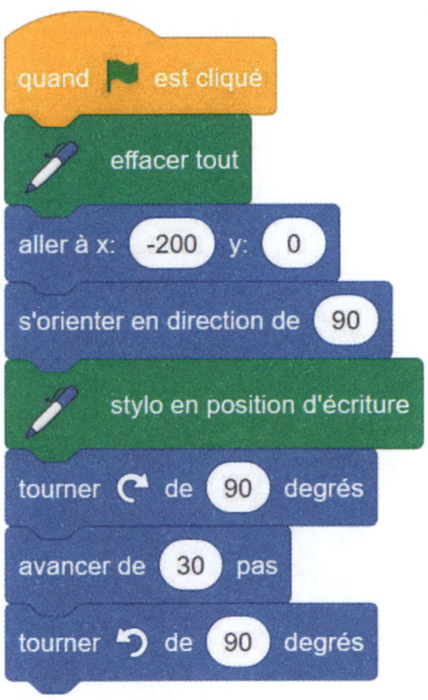

Corrigés → livret, p. 7

13 Proportionnalité

Deux grandeurs sont dites **proportionnelles**, quand on passe de l'une à l'autre en multipliant toujours par le même nombre.

Ex. : le prix de l'essence est proportionnel à la quantité achetée.

quantité achetée en litres	1	5	25	37,25
prix payé en euros	1,20	6	30	44,70

× 1,20

C'est un tableau de proportionnalité : 1,20 est le **coefficient de proportionnalité**.

1 Montre que les deux grandeurs sont proportionnelles.

On a le tableau ci-contre.

grandeur *x*	2	5	8	13	11,1
grandeur *y*	2,6	6,5	10,4	16,9	14,43

a. Dans chaque colonne, calcule le quotient du nombre du bas par celui du haut.

» ....

....

b. Est-ce un tableau de proportionnalité ?

» ....

2 Les deux grandeurs *x* et *y* sont-elles proportionnelles ? Justifie ta réponse.

grandeur *x*	4	6	10	13	19,2
grandeur *y*	3	4,5	7,5	9,9	14,4

» ....

....

Conseil
Trouve deux quotients différents.

3 Résous le problème.

Le premier mai, Pierre vend des brins de muguet.

Il dispose de 50 brins. Il compte vendre chaque brin 2,50 euros. Il souhaite connaître sa recette en fonction du nombre de brins vendus.

a. Quels sont les deux grandeurs proportionnelles et le coefficient de proportionnalité ?

» ....

....

b. Complète le tableau ci-contre.

nombre de brins vendus	1	10	17	....	50
recette en euros	....	....	....	100	....

4 Combien Marie doit-elle mettre de sucre dans son gâteau ?

	recette	Marie
masse de farine en grammes	250	125
masse de sucre en grammes	150	....

» ....

....

....

Corrigés → livret, p. 8

14 Pourcentages

→ 15 % se lit « quinze pour cent » et représente la fraction $\frac{15}{100}$.

→ Calculer a % d'un nombre x, c'est calculer $\frac{a}{100} \times x$. *Ex.* : 42 % de 25, c'est $\frac{42}{100} \times 25$, soit 10,5.

1 Passe d'une écriture à l'autre.

a. Écris les pourcentages sous forme fractionnaire, puis décimale.

Exemple : 17 % = $\frac{17}{100}$ = 0,17. 23 % = ...

47 % = ... 3 % = ... 100 % = ... 23,5 % = ...

b. Écris les nombres décimaux en pourcentage.

Exemple : 0,14 = $\frac{14}{100}$ = 14 %. 0,37 = ...

0,98 = ... 0,06 = ... 1,32 = ... 0,355 = ...

2 Effectue les calculs suivants.

a. 28 % de 50 = ...

b. 53 % de 420 = ...

c. 10 % de 35 = ...

d. 100 % de 1 234 = ...

3 Un objet vaut 500 euros. Son prix augmente de 15 %.

a. Quelle est l'augmentation en euros ?

» ....

b. Quel est le nouveau prix de l'objet ?

» ....

c. Sur ce nouveau prix, le commerçant fait une remise de 15 %. Quel est le montant de la remise ?

» ....

d. Combien paie-t-on pour cet objet ?

» ....

4 Sur un paquet de chocolat en poudre de 600 g, on trouve la mention cacao 60 %, lait 35 %...

a. Quel est le pourcentage des autres produits ?

» ....

b. Quelle est la masse de cacao et quelle est celle du lait ?

» ....

....

c. Calcule de deux manières différentes la masse des autres produits.

» ....

....

....

Conseil
Fais un calcul avec les pourcentages et l'autre avec le résultat de la question b.

Corrigés → livret, p. 8

15 Tableaux de proportionnalité

→ Quand on a un tableau de proportionnalité, on peut : **additionner** (ou **soustraire**) **deux colonnes** pour en obtenir une troisième.

(+)

x	2,3	1,5	**3,8**
y	3,45	2,25	**5,7**

→ Quand on a un tableau de proportionnalité, on peut : **multiplier une colonne par un nombre** pour obtenir une nouvelle colonne.

(× 6)

x	13	**78**
y	4,5	**27**

1 Complète les tableaux de proportionnalité suivants.

a. (+)

a	4	7	....
b	6	10,5	....

b. (−)

c	2,3	1,4	....
d	4,6	2,8	....

c. (× 8)

x	2,3	....
y	12	....

2 Quel est le prix de 30 CD ?

( )

nombre de CD	5	30
prix en euros	57	....

À savoir
Trouve d'abord l'opération qui permet de passer d'une colonne à l'autre, puis complète le tableau de proportionnalité.

» ....

3 Complète les tableaux de proportionnalité suivants.

a. ( )

g	32	6	....
h	24	4,5	19,5

b. ( )

e	11,2	5,7	16,9
f	33,6	17,1	....

c. ( )

x	7	35
y	2,1	....

4 Complète le tableau en commençant par trouver les opérations entre les colonnes.

Le tableau de proportionnalité suivant indique la consommation moyenne d'un véhicule en fonction de la distance parcourue.

distance parcourue en km	100	....	500	....
consommation moyenne en L	8	16	....	24

5 À la vitesse du son.

Le son se propage à la vitesse de 300 m/s, c'est-à-dire qu'il parcourt une distance de 300 m en une durée de 1 s.

a. Complète les deux premières colonnes de ce tableau de proportionnalité et les deux coefficients de proportionnalité.

÷ ....

.... en s	1	3	....	50
.... en m	....	....	450	....

× ....

b. Le tonnerre est un son qui se déplace à la vitesse de 300 m/s.
Quelle distance parcourt le tonnerre en 3 secondes ?

Conseil
Utilise le tableau pour répondre à cette question et aux suivantes.

» ....

c. Quel est le temps nécessaire au tonnerre pour parcourir une distance de 450 m ?

» ....

d. Un orage éclate à une distance de 3,6 km de chez vous.
Combien de temps met le tonnerre pour parvenir à votre maison ?

⚠ Convertis les km en m.

» ....

6 Résous le problème.

Dans une boucherie, il faut 5,20 euros pour acheter 0,8 kg de rôti et 7,80 euros pour acheter 1,2 kg de rôti.

a. Le prix est-il proportionnel à la masse du rôti ? (Justifie ta réponse.)

» ....

....

....

....

b. Complète le tableau ci-contre à l'aide d'opérations sur les colonnes.

× 3 ; (......)

masse en kilogrammes	....	0,8	1,2	2
prix en euros	....	....	....	....

c. Combien coûtent 2 kg de rôti ?

» ....

d. Quelle quantité de viande peut-on acheter avec 15,60 euros ?

» ....

Conseil
Utilise le tableau pour répondre aux questions c. et d.

7 Résous le problème en remplissant un tableau de proportionnalité.

Pour les soldes, tous les prix ont le même taux de remise.
Quelle est la remise sur un article de prix initial 250 € ?

prix	50 €	....
remise	15 €	....

» ....

....

Corrigés → livret, p. 8

16 Tableaux

Un tableau permet de présenter des données de manière rassemblée.

Étude des couleurs des voitures dans une rue

couleur	rouge	blanc	vert	gris	bleu
effectif	2	8	7	13	4

7 voitures de cette rue sont vertes.

Effectifs par niveau et par année

année	6°	5°	4°	3°	total
2000	120	140	100	95	455
2009	110	108	113	97	428

En 2000, il y avait 140 élèves en cinquième.

1 Résous le problème.

Dans une ville, une étude porte sur le nombre d'enfants par famille. Les données sont regroupées dans le tableau.

nombre d'enfants	0	1	2	3	4	5
nombre de familles	80	153	137	97	25	8

a. Combien de familles ont 3 enfants dans cette ville ?

» ....

b. Combien y a-t-il de familles dans cette ville ?

» ....

c. Calcule le nombre total d'enfants.

» ....

....

2 Résous ce problème d'adhérents.

Les adhérents d'un club se répartissent de la façon donnée dans le tableau ci-contre :

	hommes	femmes
pratiquant un sport	56	16
ne pratiquent aucun sport	22	31

a. Combien y a-t-il d'adhérents dans ce club ?

» ....

b. Combien y a-t-il d'hommes dans ce club ?

» ....

c. Combien y a-t-il d'adhérents pratiquant un sport ?

» ....

d. Parmi les hommes, la proportion de ceux qui pratiquent un sport est-elle :

- $\frac{56}{22}$?
- $\frac{16}{56}$?
- $\frac{56}{78}$?

e. Parmi les adhérents pratiquant un sport, la proportion de femmes est-elle :

- $\frac{16}{72}$?
- $\frac{56}{125}$?
- $\frac{16}{125}$?

L'effectif total concernant la question n'est pas celui du club.

f. Dans ce club, quelle est la proportion d'adhérents pratiquant un sport ?

» ....

....

3 Étudie la taille des élèves d'une classe.

Dans une classe de 25 élèves, on relève les tailles suivantes : 1 m 50, 1 m 80, 1 m 70, 1 m 70, 1 m 75, 1 m 65, 1 m 75, 1 m 60, 1 m 60, 1 m 70, 1 m 75, 1 m 60, 1 m 62, 1 m 65, 1 m 70, 1 m 62, 1 m 58, 1 m 62, 1 m 58, 1 m 60, 1 m 62, 1 m 80, 1 m 65, 1 m 70 et 1 m 80.

a. Complète le tableau pour présenter ces données. Les tailles sont rangées dans l'ordre croissant.

taille en mètre	1 m 50	....	....	....	....	....	....	1 m 80
effectif	....	....	....	....	....	....	....	....

b. Combien d'élèves ont une taille inférieure à 1 m 71 ?

» ....

4 Aide Marie à résoudre ce problème.

Marie a deux dés, un bleu et un rouge, qu'elle lance en même temps. À chaque lancer, elle effectue le produit des nombres obtenus sur chaque face.

> **À savoir**
> 2 « bleu » et 3 « rouge » donnent le même résultat que 3 « bleu » et 2 « rouge ».

a. Comment peut-elle obtenir 10 comme produit ?

» ....

....

b. Complète le tableau en marquant les résultats que Marie peut obtenir.

Exemple : Avec 2 sur le dé bleu et 3 sur le dé rouge, Marie obtient 2 × 3, soit 6.

	1	2	3	4	5	6
1						
2						
3		6				
4						
5						
6						

5 Complète cette étude sur les passagers d'un avion.

La répartition des passagers d'un avion est donnée par le tableau ci-contre :

	femmes	hommes	total
Européens	30	50	....
Américains	....	30	95
autres	....	....	....
total	....	115	220

a. Quelle opération permet de connaître le nombre total d'Européens ?

» ....

b. Quelle opération permet de connaître le nombre total de femmes ?

» ....

c. Complète le tableau.

6 Complète le tableau à l'aide des données ci-dessous.

Dans une classe de 25 élèves, 3 sont âgés de 10 ans. Il y a 2 filles âgées de 10 ans, 9 garçons âgés de 11 ans et 3 garçons âgés de 12 ans. La moitié des élèves âgés de 12 ans sont des filles.

sexe / âge	fille	garçon	total
10 ans	....	....	....
11 ans	....	....	....
12 ans	....	....	....
total	....	....	....

Corrigés → livret, p. 9

17 Graphiques

→ On peut utiliser des **diagrammes en rectangles** pour représenter des données ; les hauteurs des rectangles sont alors proportionnelles aux valeurs.

→ Quand les deux grandeurs sont des nombres, on peut utiliser une **représentation en courbe**.

Attention : dans les deux cas, il faut faire des graduations régulières et légender les axes.

→ On peut aussi utiliser des diagrammes circulaires ; les mesures des secteurs angulaires sont alors proportionnelles aux effectifs.

1 Complète le tableau d'effectifs et vérifie que l'effectif total est 24.

couleur	cœur	....	carreau	pique
effectif	....	8	....	....

» ....

....

....

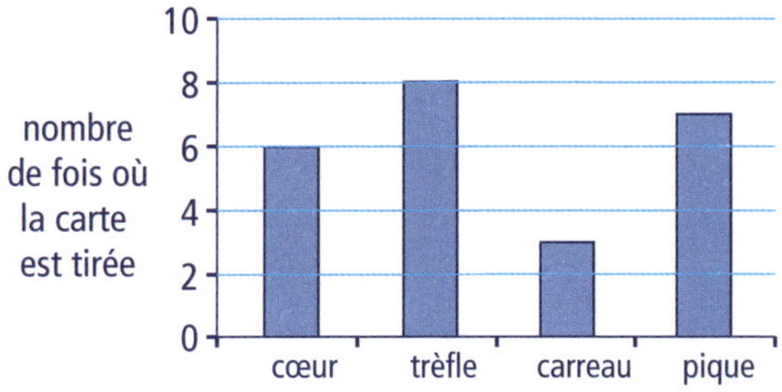

2 Résous le problème.

Voici les notes obtenues à un contrôle de mathématiques :

14 – 8 – 11 – 16 – 9 – 12 – 8 – 14 – 12 – 11 – 9 – 13 – 8 – 14 – 14 – 9 – 16 – 9 – 14 – 12 – 9 – 13 – 12 – 14 – 14.

a. Complète le tableau.

note	8	....	....	....	....	....	16
effectif	....	....	....	....	....	....	2

b. Complète le diagramme en rectangles.

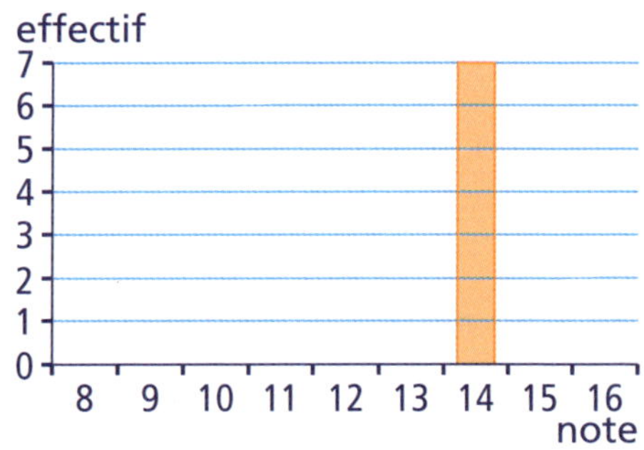

3 La courbe ci-contre donne la température au cours d'une journée en fonction de l'heure.

a. Quelle est la température maximale et à quelle heure a-t-elle été atteinte ?

» ....

....

b. Quand a-t-il fait 22 °C ?

» ....

....

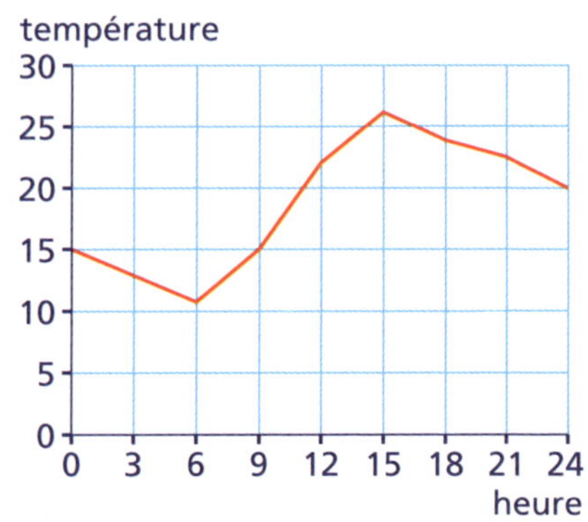

c. Donne les évolutions de la température durant cette journée.

» ....

....

....

À savoir
Donne les périodes de hausse ou de baisse.

4 **Résous le problème.**

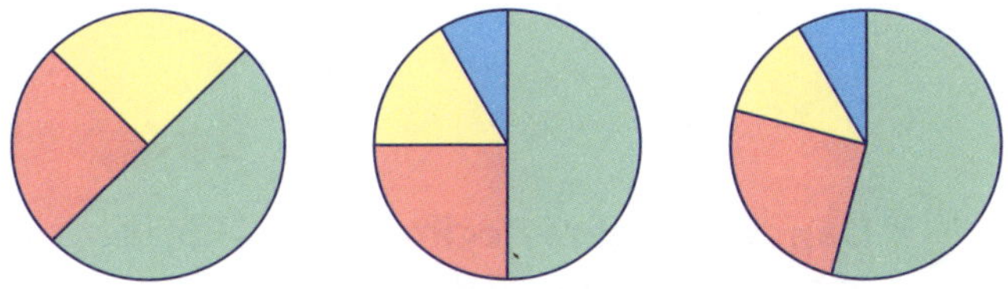

Un sondage a été effectué auprès de 60 jeunes.
On leur a posé la question suivante :
« Quel est votre sport préféré ? »
Réponses : le foot pour 30, le basket pour 15, le tennis pour 10 et le vélo pour 5.

a. Lequel des diagrammes circulaires représente cette situation ? Justifie ta réponse.

» ....

....

....

Conseil
Compte le nombre de secteurs et tiens compte de la part du foot.

b. Indique, pour le diagramme sélectionné, la couleur qui va avec chaque sport.

» ....

....

5 **Transforme le diagramme en bâtons en diagramme semi-circulaire.**

L'histogramme ci-contre illustre une enquête faite sur l'âge des 30 adhérents d'un club de badminton mais le rectangle correspondant aux adhérents de 16 ans a été effacé.

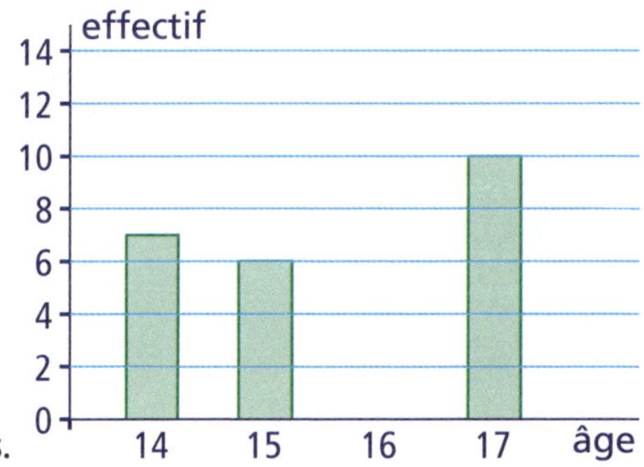

a. Calcule le nombre d'adhérents ayant 16 ans.

» ....

On souhaite faire une représentation semi-circulaire de ces données. Pour cela, on commence à déterminer les mesures des angles de la représentation à l'aide du tableau de proportionnalité donné ci-dessous.

b. Quel est le coefficient de proportionnalité pour passer de 30 à 180 ?

» ....

c. Complète le tableau ci-dessous.

âge	14 ans	15 ans	16 ans	17 ans	total
nombre d'adhérents	7	6	....	10	30
mesure de l'angle (en degrés)	....	....	....	....	180

d. Réalise ci-contre un diagramme semi-circulaire représentant la répartition des adhérents selon leur âge. (On prendra un rayon de 4 cm.)

Corrigés → livret, p. 9

Quiz Bilan !

LEÇON 1 p. 4

1 **Dans le nombre décimal 123,456, le chiffre 5 représente :**

- ☐ A. celui des dixièmes.
- ☐ B. celui des centièmes.
- ☐ C. celui des centaines.
- ☐ D. celui des millièmes.

2 $3 \times 100 + 5 + \frac{1}{100} + \frac{2}{1\,000}$ **a pour écriture décimale :**

- ☐ A. 305,12.
- ☐ B. 35,012.
- ☐ C. 35,12.
- ☐ D. 305,012.

LEÇON 2 p. 5

3 **Où est l'erreur ?**

- ☐ A. 3,2 < 3,13
- ☐ B. 8,06 < 8,1
- ☐ C. 11,4 > 11,23
- ☐ D. 1,017 < 203

4 **On souhaite mettre dans l'ordre décroissant les nombres suivants : 2,17 ; 2,31 ; 2,06 ; 2,01 ; 2,2. Le bon rangement est :**

- ☐ A. 2,01 < 2,2 < 2,06 < 2,17 < 2,31.
- ☐ B. 2,31 > 2,17 > 2,06 > 2,2 > 2,01.
- ☐ C. 2,31 > 2,2 > 2,17 > 2,06 > 2,01.
- ☐ D. 2,31 > 2,17 > 2,06 > 2,01 > 2,2.

LEÇON 3 p. 6

5 **Une différence est le résultat d'une :**

- ☐ A. addition.
- ☐ B. soustraction.
- ☐ C. multiplication.
- ☐ D. division.

LEÇON 4 p. 8

6 **Que vaut $3,5 \times 100 \times 0,1$?**

- ☐ A. 0,35
- ☐ B. 3,5
- ☐ C. 35
- ☐ D. 350

7 **On sait que $173 \times 286 = 49\,478$. Que vaut $17,3 \times 2,86$?**

- ☐ A. 4,947 8
- ☐ B. 49,478
- ☐ C. 494,78
- ☐ D. 4 947,8

LEÇON 5 p. 10

8 **Le résultat du calcul $5 + 3 \times 7$ est :**

- ☐ A. 56
- ☐ B. 15
- ☐ C. 26
- ☐ D. 58

9 **Le résultat du calcul $17 - 5 \times 3$ est :**

- ☐ A. 6
- ☐ B. 36
- ☐ C. 9
- ☐ D. 2

10 **Le résultat du calcul $8 \times 6 - 9 \times 5$ est :**

- ☐ A. 93
- ☐ B. 3
- ☐ C. 12
- ☐ D. 7

LEÇON 6 p. 12

11 **La division correspondant au partage ci-dessous est…**

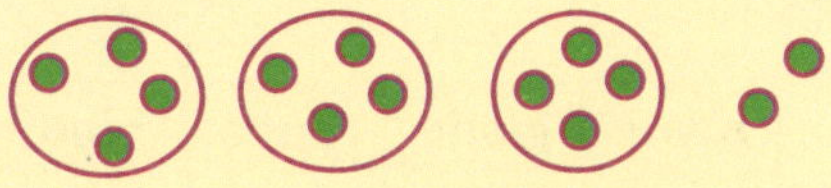

☐ **A.** $\begin{array}{r|l} 14 & 3 \\ \hline 2 & 4 \end{array}$

☐ **B.** $\begin{array}{r|l} 14 & 3 \\ \hline 4 & 2 \end{array}$

☐ **C.** $\begin{array}{r|l} 14 & 3 \\ \hline 0 & 4 \end{array}$

☐ **D.** $14 = 3 \times 4 + 2$

LEÇON 7 p. 13

12 **Que peut-on enlever dans la division suivante ?**

$$\begin{array}{r|l} 375 & 7 \\ \cline{2-2} -35 & 53 \\ \cline{1-1} 25 & \\ -21 & \\ \cline{1-1} 4 & \end{array}$$

☐ **A.** le 4
☐ **B.** uniquement le – 35
☐ **C.** uniquement le – 21
☐ **D.** le – 35 et le – 21

13 **Un pentagone a ses cinq côtés de la même longueur et un périmètre de 45 cm. Chacun de ses côtés mesure…**

☐ **A.** 9 cm.
☐ **B.** 40 cm.
☐ **C.** 50 cm.
☐ **D.** 225 cm.

LEÇON 8 p. 14

14 **Mentalement, que vaut $13{,}3 \times 100$?**

☐ **A.** 1 300,3
☐ **B.** 1 330
☐ **C.** 13,300
☐ **D.** 13 300

15 **Déplacer une virgule de 2 rangs vers la droite revient à :**

☐ **A.** faire une division par 100.
☐ **B.** faire une multiplication par 100.
☐ **C.** faire une division par un dixième.
☐ **D.** faire une multiplication par 0,01.

LEÇON 9 p. 15

16 **Quelle fraction est représentée par la partie coloriée du dessin ?**

☐ **A.** $\frac{4}{12}$

☐ **B.** $\frac{5}{12}$

☐ **C.** $\frac{6}{12}$

☐ **D.** $\frac{6}{14}$

17 **Quelle fraction est-elle égale à 0,72 ?**

☐ **A.** $\frac{72}{10}$

☐ **B.** $\frac{72}{100}$

☐ **C.** $\frac{72}{1\,000}$

☐ **D.** $\frac{7{,}2}{100}$

LEÇON 10 p. 16

18 **Quel est le résultat de l'opération $\frac{7}{14} \times 14$?**

☐ **A.** 7
☐ **B.** 14
☐ **C.** 2
☐ **D.** 98

LEÇON 11 p. 17

19 **Quelle est l'abscisse du point *M* ?**

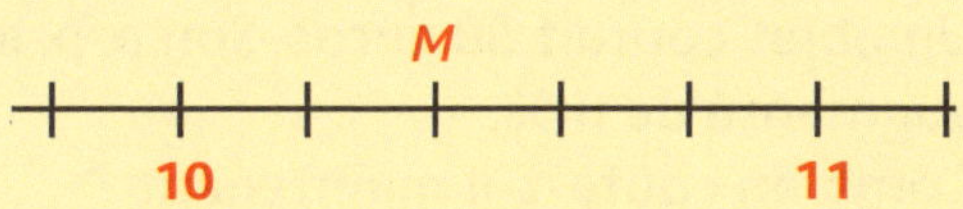

☐ **A.** 10,2
☐ **B.** 10,4
☐ **C.** 12
☐ **D.** 14

20 **Quel est le point d'abscisse 2,4 ?**

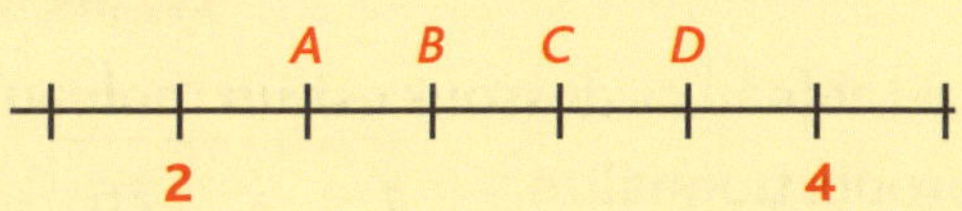

☐ **A.** le point *A*
☐ **B.** le point *B*
☐ **C.** le point *C*
☐ **D.** le point *D*

Suite du Bilan ☛

LEÇON 12 p. 18

21 **Ce bloc signifie s'orienter vers :**

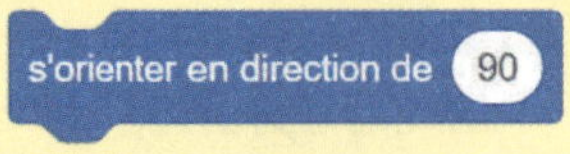

- ☐ **A.** La droite
- ☐ **B.** La gauche
- ☐ **C.** Le haut
- ☐ **D.** Le bas

22 **Que dessine ce programme ?**

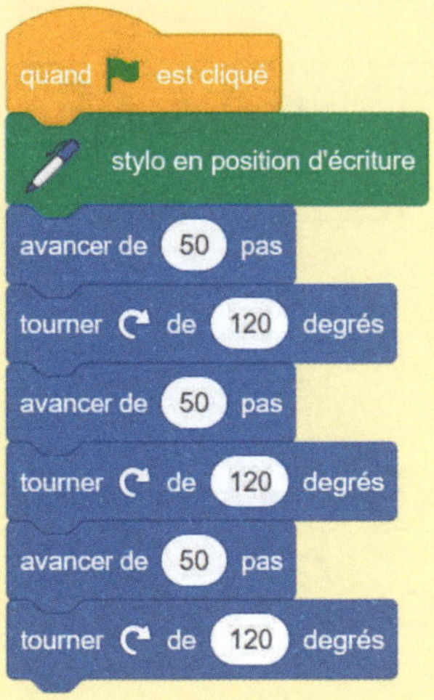

- ☐ **A.** Un carré
- ☐ **B.** Un losange
- ☐ **C.** Un triangle quelconque
- ☐ **D.** Un triangle équilatéral

LEÇON 13 p. 20

23 **Le son parcourt 330 mètres en une seconde. Quelle distance parcourt-il en une minute ?**

- ☐ **A.** 5,5 m
- ☐ **B.** 390 m
- ☐ **C.** 1,98 km
- ☐ **D.** 19,8 km

LEÇON 14 p. 21

24 **Que valent 40 % de 55 ?**

☐ **A.** 15 ☐ **B.** 22 ☐ **C.** 40 ☐ **D.** 95

25 **Un objet coûtait 50 euros. Son prix a augmenté de 6 %.**
Combien coûte-t-il maintenant ?

- ☐ **A.** 3 euros
- ☐ **B.** 6 euros
- ☐ **C.** 53 euros
- ☐ **D.** 56 euros

LEÇON 15 p. 22

26 **Le tableau ci-dessous est un tableau de proportionnalité.**

a	*x*	26
b	4,5	9

x **vaut...**

☐ **A.** 13. ☐ **B.** 21,5. ☐ **C.** 22,5. ☐ **D.** 52.

LEÇON 16 p. 24

27 **Pierre a compté ses billes par couleur et rempli le tableau. Combien a-t-il de billes ?**

- ☐ **A.** 4
- ☐ **B.** 5
- ☐ **C.** 13
- ☐ **D.** 31

blanc	jaune	rouge	bleu	noir
12	3	10		6

28 **Dans un collège, il y a trois classes de 6e. Quelle affirmation est juste ?**

classe	6e A	6e B	6e C
filles	13	11	13
garçons	13	14	12

- ☐ **A.** Il y a autant de filles que de garçons.
- ☐ **B.** La 6e A est la 6e la plus nombreuse.
- ☐ **C.** Les classes de 6e ont le même effectif.
- ☐ **D.** Dans ce collège, il y a trois classes de 5e.

LEÇON 17 p. 26

29 **Ce graphique donne les effectifs des loisirs choisis par les élèves d'une école.**

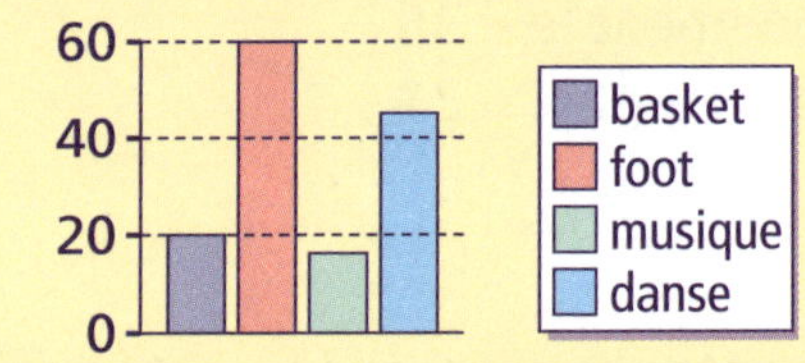

Le nombre d'élèves pratiquant la danse est :

☐ **A.** 20. ☐ **B.** 60. ☐ **C.** 15. ☐ **D.** 45.

30 **La courbe donne les notes d'un élève en fonction du numéro du devoir.**

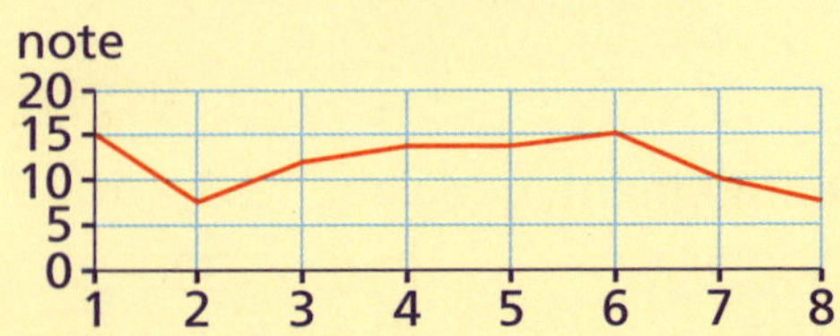

Le nombre de notes au-dessus de 10 est :

☐ **A.** 5. ☐ **B.** 6. ☐ **C.** 8. ☐ **D.** 15.

Si tu as 23/30 ou plus, **BRAVO !**

Corrigés → livret, p. 10

Inscris ton score ... / 30

18 Éléments de géométrie

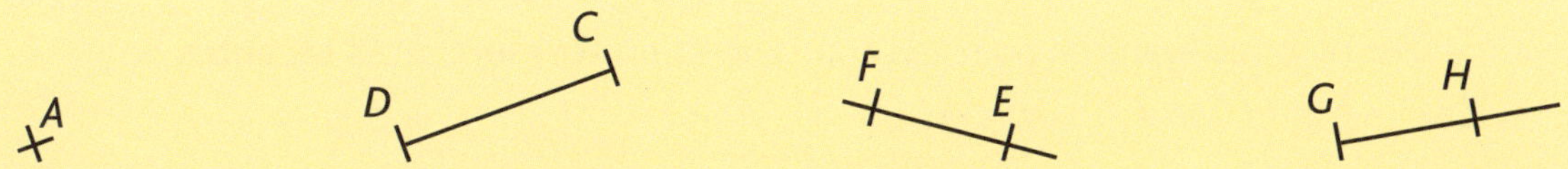

le point A | le segment [CD] | la droite (EF) | la demi-droite [GH)

1 Complète chaque définition par le mot et la notation correspondants.

a. Le morceau de droite d'origine O passant par Q, c'est ....

b. Le morceau de droite d'extrémités M et N, c'est ....

c. Le morceau de droite sans extrémité passant par P et R, c'est ....

d. Le morceau de droite qui passe par T et qui a pour seule extrémité S, c'est ....

2 Effectue les tracés demandés.

a. Trace en bleu le segment [SU]. b. Trace en rouge la droite (UV). c. Trace en vert la demi-droite [VS).

3 Complète avec « $\in$ » (appartient à) ou « $\notin$ » (n'appartient pas à).

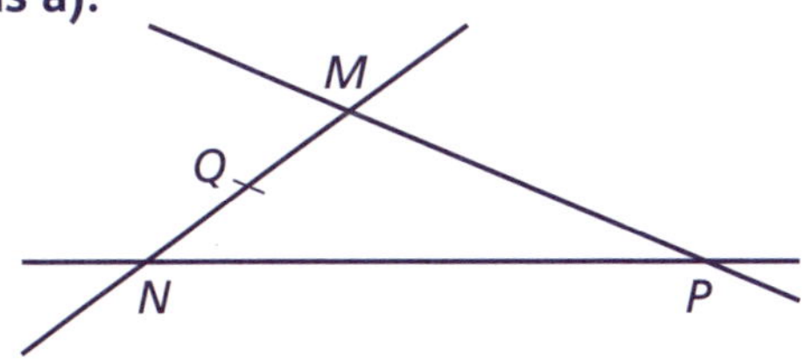

a. M .... [MN] ;

b. M .... [QN] ;

c. P .... [MN) ;

d. M .... [QN) ;

e. N .... (MQ) ;

f. Q .... [MN].

4 Réponds aux deux questions.

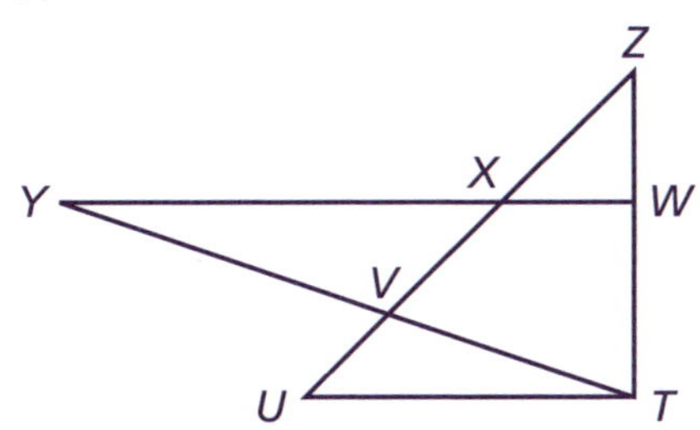

À savoir
Des points appartenant à une même droite sont des points alignés.

a. Nomme les points alignés avec U et Z. » ....

b. Nomme les points qui ne sont pas alignés avec Y et T. » ....

5 Pour chacune des trois phrases, dis si elle est vraie ou fausse.

a. Le segment [AB] est identique au segment [BA] : ....

b. La droite (EF) est la même que la droite (FE) : ....

c. La demi-droite [CD) est confondue avec la demi-droite [DC) : ....

Corrigés → livret, p. 10

19 Parallèles – Perpendiculaires

→ Deux droites ayant un point en commun et un seul sont dites **sécantes**.
Ex. : (d_1) et (d_2) sont sécantes en A.

→ Deux droites qui ne sont pas sécantes sont dites **parallèles**.
Ex. : (d_3) et (d_4) sont parallèles ; on note $(d_3) \mathbin{/\!/} (d_4)$.

→ Deux droites sécantes formant un angle droit sont dites **perpendiculaires**.
Ex. : (d_5) et (d_6) sont perpendiculaires ; on note $(d_5) \perp (d_6)$.

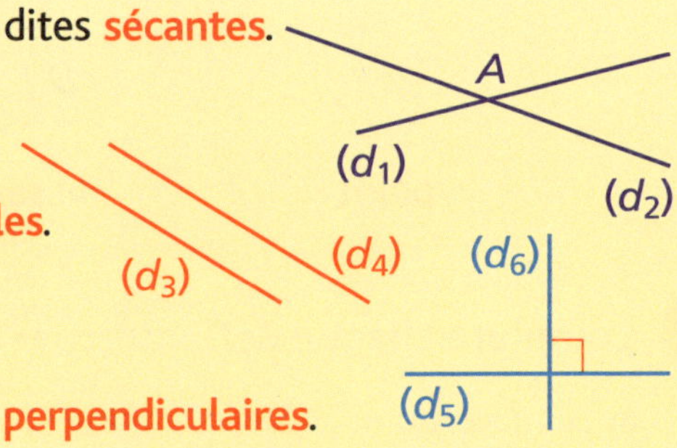

1 Effectue les tracés suivants en t'aidant d'une équerre.

a. Trace en vert la droite perpendiculaire à (BC) passant par A.
b. Trace en rouge la droite perpendiculaire à (AB) passant par C. Elle coupe (AB) en O.
c. Trace en bleu la droite perpendiculaire à (AB) en B. N'oublie pas de coder les angles droits.

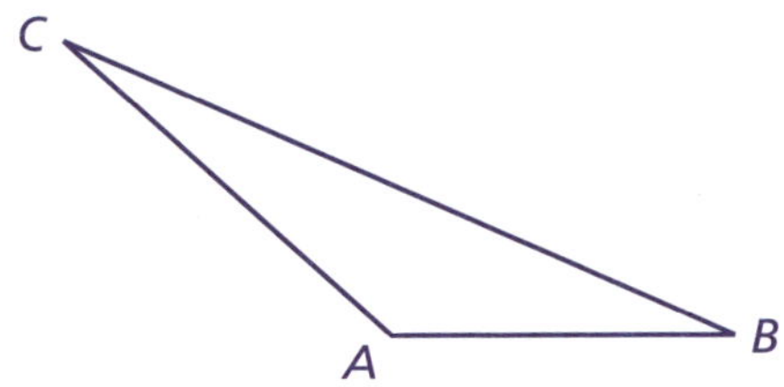

2 Exécute le programme de tracé suivant :

a. Trace un triangle MNP ;
- trace en vert la droite perpendiculaire à (MN) passant par P ;
- trace en rouge la droite parallèle à (MN) passant par P ;
- trace en bleu la droite parallèle à la droite verte et qui passe par M.

b. Comment te semblent être les droites bleue et rouge ?

» ....

....

3 Complète avec les symboles « // » ou « ⊥ » si cela est possible.

a. $NQ)$ .... (OP) ; b. (NP) .... (OM) ; c. (NP) .... (OQ) ;
d. (MQ) .... (OP) ; e. (NP) .... (NP).

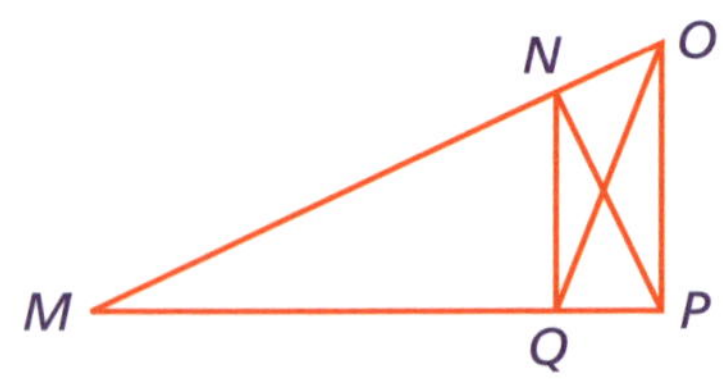

4 Construis des parallèles avec l'équerre.

a. En laissant apparentes les traces de construction, construis :
- la droite (d) parallèle à (BA) passant par C ;
- la droite (d') parallèle à (AC) passant par B.

b. Nomme E le point d'intersection de (d) et de (d') et vérifie que $[AB]$ et $[CE]$ ont la même longueur.

Conseil
Aide-toi de la méthode page 64.

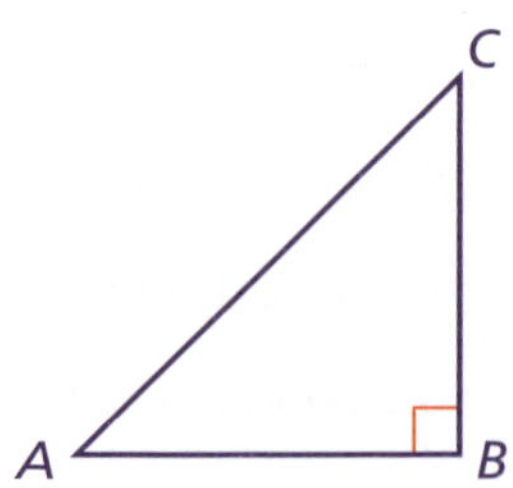

Corrigés → livret, p. 10

Pour Comprendre

6e

Livret Parents

Pour aider votre enfant

hachette
ÉDUCATION

Tout le programme de maths de la 6e

Le texte suivant, établi d'après le *Bulletin officiel*, précise les objectifs visés par les nouveaux programmes de mathématiques au collège.

Nombres et calculs

Utiliser et représenter les grands nombres entiers, des fractions simples, les nombres décimaux

- Utiliser les grands nombres entiers.

> **Exemple**
> Écrire en chiffres dix-sept-milliards-vingt-trois-millions-quatre-cent-cinq.

- Utiliser des nombres décimaux ayant au plus quatre décimales.
- Utiliser des fractions pour exprimer un quotient.
- Comprendre que $\frac{a}{b} \times b = a$.

Calculer avec des nombres entiers et des nombres décimaux

- **Calcul mental ou en ligne**
- Savoir multiplier un nombre décimal (entier ou non) par 0,1 et par 0,5.
- Savoir utiliser la distributivité simple dans les deux sens.

> **Exemple**
> Calculer $13 \times 7 + 13 \times 3$ en passant par 13×10 ;
> 32×11 en décomposant $32 \times 10 + 32 \times 1$.

- Organiser un calcul en une seule ligne, utilisant si nécessaire des parenthèses.

> **Exemple**
> Savoir écrire puis calculer 7,50 € + (3 × 4,90 €).

- **Calcul posé**
- Savoir multiplier deux nombres décimaux.

Résoudre des problèmes en utilisant des fractions simples, les nombres décimaux et le calcul

- Savoir résoudre des problèmes relevant des structures additives et multiplicatives en mobilisant une ou plusieurs étapes de raisonnement.
- Savoir collecter les informations utiles à la résolution d'un problème à partir de supports variés.
- Savoir remobiliser les procédures déjà étudiées pour résoudre des problèmes relevant de la proportionnalité et les enrichir par l'utilisation du coefficient de proportionnalité.
- Savoir appliquer un pourcentage.

Espace et géométrie

(Se) repérer et (se) déplacer

- Connaître et programmer des déplacements absolus (vers le haut, l'ouest…) d'un robot ou ceux d'un personnage sur un écran.
- Connaître et programmer des déplacements relatifs (tourner à sa gauche, à sa droite ; faire demi-tour, effectuer un quart de tour à sa droite, à sa gauche…) d'un robot ou ceux d'un personnage sur un écran.

Reconnaître, nommer, décrire

- **Dans le plan**
- Coder des figures simples :

– les triangles (dont les triangles particuliers : triangle rectangle, isocèle, équilatéral) ;

– les quadrilatères (dont les quadrilatères particuliers : carré, rectangle, losange).

- Connaître et utiliser le vocabulaire associé à ces figures et à leurs propriétés (côté, sommet, angle, diagonale, polygone, centre, rayon, diamètre, milieu, hauteur) pour décrire et coder ces figures.
- Reconnaître, nommer et décrire des figures complexes (assemblages de figures simples).
- **Dans l'espace**
- Reconnaître, nommer et décrire des assemblages de solides simples.

Reproduire, représenter, construire

- **Dans le plan**
- Représenter, reproduire, tracer ou construire des figures simples.
- Représenter, reproduire, tracer ou construire des figures complexes (assemblages de figures simples).
- Réaliser, compléter ou rédiger un programme de construction d'une figure plane.
- **Dans l'espace**
- Représenter un cube, un pavé droit par un dessin.
- Construire un patron d'un pavé droit.

Reconnaître et utiliser quelques relations géométriques

- **Alignement, segments**
- Connaître la définition de l'alignement de 3 points ainsi que de l'appartenance à une droite et reconnaître ces situations.
- Connaître, reconnaître et savoir tracer un segment de droite ainsi que son milieu.

Relations de perpendicularité et de parallélisme

Connaître les relations entre perpendicularité et parallélisme et savoir s'en servir pour raisonner.

Symétrie axiale

Compléter une figure par symétrie axiale.

Construire le symétrique d'un point, d'un segment, d'une droite par rapport à un axe donné et être capable de verbaliser/expliciter sa méthode de construction.

Construire la figure symétrique d'une figure donnée par rapport à un axe donné.

Connaître, reconnaître et savoir coder la définition de la médiatrice d'un segment, ainsi que sa caractérisation.

Savoir se servir de la définition de la médiatrice d'un segment ou de sa caractérisation pour la tracer à l'aide des instruments adéquats.

Grandeurs et mesures

Comparer, estimer, mesurer des grandeurs géométriques

Longueurs

Connaître la formule de la longueur d'un cercle et l'utiliser.

Durées

Réaliser des conversions nécessitant deux étapes de traitement.

Transformer des heures en semaines, jours et heures ; transformer des secondes en heures, minutes, secondes.

Aires

Utiliser les multiples et sous-multiples du m² et les relations qui les lient.

Calculer l'aire d'un triangle à l'aide de la formule.

Calculer l'aire d'un disque à l'aide de la formule.

Déterminer la mesure de l'aire d'une surface.

Contenances et volumes

Calculer le volume d'un cube ou d'un pavé droit en utilisant une formule.

Utiliser les unités de volume : cm^3, dm^3 et m^3 et leurs relations.

Relier les unités de volume et de contenance
(1 L = 1 dm^3 ; 1 000 L = 1 m^3).

Angles

Estimer si un angle est droit, aigu ou obtus.

Utiliser un rapporteur pour mesurer un angle en degrés.

Construire, à l'aide du rapporteur, un angle de mesure donnée en degrés.

Résoudre des problèmes impliquant des grandeurs

Savoir identifier et résoudre des problèmes de proportionnalité portant sur des grandeurs.

> **Exemple**
> Problèmes de comparaison du type « fois plus, fois moins ».

Bien accompagner votre enfant en mathématiques

Le programme de mathématiques de la classe de sixième s'inscrit à la fois dans la continuité du programme entrepris au CM2, avec une consolidation des acquis, et dans la préparation aux programmes des autres classes du collège par l'apprentissage de méthodes propres aux mathématiques.

Activités numériques

Nombres et calculs

Cette année, votre enfant va **consolider le sens des opérations pour résoudre des problèmes**, et il devra être capable d'effectuer correctement les calculs, soit mentalement, soit de manière posée, ou encore en ayant recours à la calculatrice. Pour l'aider, emmenez-le faire les courses avec vous et posez-lui de petits problèmes à résoudre de tête, comme : « Un paquet de 16 yaourts coûte 3,20 euros. Comment obtient-on le prix d'un yaourt ? Quel est-il ? » ou « Une boîte de haricots verts coûte 1,37 euros ? Quel est le prix de trois boîtes ? »

Il doit être capable de **comparer des nombres** ou d'**utiliser des ordres de grandeur**. Vous pouvez ainsi lui demander de trouver le prix le moins cher parmi toutes les boîtes de céréales d'un supermarché ou d'ordonner les prix des différentes tablettes de chocolat. Rentrés à la maison, donnez-lui le ticket de caisse, sans le total, et demandez-lui de retrouver le total approximatif à l'aide d'ordres de grandeur. Il pourra ensuite vérifier le montant exact à la calculatrice.

> L'état de fonctionnement de la calculatrice doit être régulièrement contrôlé.

Votre enfant va également approfondir sa pratique du **calcul fractionnaire**. Vous pouvez l'entraîner à cette gymnastique mentale en lui demandant, par exemple, la masse d'un cinquième d'un rôti de 600 g.

Organisation et gestion des données

Les courses vous donnent aussi l'occasion de **calculer des pourcentages** (« Quel est le montant de la remise de 30 % sur un vêtement à 15 euros ? ») ou de vérifier si le prix d'un paquet de 96 tablettes de lessive *est* ou *n'est pas* **proportionnel** à celui d'un paquet de 48 tablettes.

Pour l'aider à décoder les informations du quotidien, parcourez le journal avec lui, et regardez ensemble les **données statistiques** qu'il contient (tableaux, courbes ou représentations circulaires). Puis discutez-en, en confrontant vos interprétations critiques de ces données.

Activités géométriques

Espace et géométrie

À l'école élémentaire, votre enfant a acquis une première expérience des **figures et des solides usuels.** Il va apprendre cette année à représenter ces figures à partir de propriétés qu'il avait jusqu'alors constatées sur des figures données.

> Vérifiez régulièrement l'état du matériel (règle, compas, équerre, crayon bien taillé) car un instrument manquant ou abîmé constitue un handicap pour l'apprentissage.
> Dans son travail de tous les jours, surveillez la propreté de ses constructions géométriques et n'hésitez pas à lui faire refaire toute figure sale ou imprécise.

Les propriétés de géométrie doivent être apprises par cœur. Aidez-le en lui faisant réciter son cours comme vous l'avez fait à l'école primaire pour les poésies : ne tolérez pas l'à-peu-près.

Grandeurs et mesures

Ces notions ont été intégrées aux travaux géométriques, car elles sont indissociables des figures géométriques (longueur, aire, volume, angles). Votre enfant va compléter ses acquis de l'école primaire en ayant, par exemple, à choisir l'unité appropriée à la résolution d'un problème. Il va également être amené à utiliser un **nouvel outil : le rapporteur**.

Corrigés

1. Écriture des nombres décimaux (p. 4)

1 a. 2 est le chiffre des centaines.
b. 6 est le chiffre des centièmes.
c. 7 est le chiffre des millièmes.

2 a. $12{,}421 = 12 + \frac{4}{10} + \frac{2}{100} + \frac{1}{1\,000}$;

b. $3{,}7 = 3 + \frac{7}{10}$; c. $29{,}043 = 29 + \frac{4}{100} + \frac{3}{1\,000}$.

3 a. a = 643,23 ; b. b = 425,107 ; c. c = 24,7.

4 ØØ12 ; 25,1ØØ ; ØØ43,01Ø ; 4900,001Ø.

5 a. a = 12 976 ; b. b =1 643,17 ; c. c = 60 023,015.

6 a. 680 : six cent quatre-vingts.
b. 17 000 : dix-sept mille.
c. 243 583 : deux cent quarante-trois mille cinq cent quatre-vingt-trois.
d. 608,317 : six cent huit et trois cent dix-sept millièmes.

2. Ordre – Encadrement (p. 5)

1 a. 31 < 63 ; b. 12,23 < 13,1 ; c. 9,83 < 9,9 ;
d. 3,141 5 = 3,141 50 ; e. 78 > 72 ; f. 14,1 < 14,5 ;
g. 36,5 > 36,44 ; h. 2,728 > 2,726 5.

2 a. 9 < 17 < 35 < 68.
b. 12,3 < 12, 9 <15,6 < 17,5.
c. 25,16 < 25,34 < 25,94 < 25,97.
d. 63,05 < 63,17 < 63,4 < 63,8.

3 a. Ce sont 6,6 ; 6,7 ; 6,8 ; 6,9 ; 7,0 et 7,1.
b. Les entiers x sont 5 ; 6 ; 7 ; 8 ; 9 et 10.

4 a. 73 > 33 > 25 > 12.
b. 47,5 > 38,3 > 25,7 > 22,9.
c. 43,68 > 43,49 > 43,21 > 43,18.
d. 12,31 >12,3 > 12,26 >12,2.

5 a. 56 < 56,268 < 57 et 56,2 < 56,268 < 56,3.
b. 69 < 69,108 < 70 et 69,1 < 69,108 < 69,2.
c. 12 < 12,01 < 13 et 12,0 < 12,01 < 12,1.
d. 9 < 9,99 < 10 et 9,9 < 9,99 < 10,0.

3. Somme et différence (pp. 6-7)

1 a. 24 + 76 + 13 est la somme de trois termes.
b. La somme de 17,1 et 4,9 est 17,1 + 4,9, soit 22.
c. La différence entre 75 et 68,27 est 75 – 68,27, soit 6,73.

2 a.

$$\begin{array}{r} 23{,}15 \\ +\ 8{,}34 \\ \hline 31{,}49 \end{array} \qquad \begin{array}{r} 78{,}95 \\ -\ 2{,}74 \\ \hline 76{,}21 \end{array} \qquad \begin{array}{r} 78{,}19 \\ +\ 35{,}30 \\ \hline 113{,}49 \end{array} \qquad \begin{array}{r} 13{,}4 \\ -\ 8{,}27 \\ \hline 5{,}13 \end{array}$$

b. Dans les calculs précédents, (a) et (c) sont des sommes ; (b) et (d) sont des différences.

3

a. $\begin{array}{r} 17{,}56 \\ +\ 23{,}3 \\ \hline 40{,}86 \end{array}$ b. $\begin{array}{r} 45{,}63 \\ -\ 12{,}7 \\ \hline 32{,}93 \end{array}$ c. $\begin{array}{r} 29{,}66 \\ +\ 11{,}36 \\ +\ 2{,}874 \\ \hline 43{,}894 \end{array}$ d. $\begin{array}{r} 3{,}56 \\ -\ 1{,}27 \\ \hline 2{,}29 \end{array}$

4 a. ♣ = 7 ; ♦ = 5 ; ♥ = 2 ; ♠ = 3.
b. ♣ = 9 ; ♦ = 2 ; ♥ = 4 ; ♠ = 2.
c. ♣ = 5 ; ♦ = 1 ; ♥ = 6 ; ♠ = 5.

5 a. 25 + 7 = 32
b. 49 + 14 = 63
c. 4,32 + 2,25 = 6,57
d. 3,85 + 1,4 = 5,25
e. 25 – 7 = 18
f. 49 – 14 = 35
g. 4,32 – 2,25 = 2,07
h. 3,85 – 1,4 = 2,45

6 a. 5 153 – 4 765 = 388 : la consommation électrique au cours du mois d'août a été de 388 kWh.
b. 5 153 + 432 = 5 585 : fin août, le compteur indiquait 5 585 kWh.
c. 4 765 – 389 = 4 376 : début juin, le compteur indiquait 4 376 kWh.

7 a. 3,75 + 4,30 + 2,50 =10,55.
b. Il faut 10,55 m de fil électrique.

8 35,50 + 48,50 – 17 = 67. Christine a 67 euros.

9 a. 784. b. 1 950. c. 1 811.

4. Produit (pp. 8-9)

1 a. Le produit de 7 par 11, c'est 7 × 11, soit 77.
b. 28 = 2 × 14.

2 a. $\begin{array}{r} 12 \\ \times 37 \\ \hline 84 \\ 36\bullet \\ \hline 444 \end{array}$ b. $\begin{array}{r} 8{,}6 \\ \times 6{,}5 \\ \hline 430 \\ 516\bullet \\ \hline 55{,}90 \end{array}$ c. $\begin{array}{r} 1{,}23 \\ \times\ 8{,}7 \\ \hline 861 \\ 984\bullet \\ \hline 10{,}701 \end{array}$ d. $\begin{array}{r} 7{,}56 \\ \times\ 7{,}005 \\ \hline 3780 \\ 5292\bullet\bullet\bullet \\ \hline 52{,}95780 \end{array}$

3 a. 12,36 × 10 = 123,6 ; b. 5,37 × 100 = 537 ;
d. 8,25 × 1 000 = 8 250 ; d. 123 × 10 = 1 230 ;
e. 10,2 × 100 = 1 020 ; f. 3,2 × 10 × 100 = 3 200.

4 a. 5 × 6,1 = 30,5. b. 8 × 2,3 = 18,4. c. 7 × 9,2 = 64,4.
d. 6,4 × 9 = 57,6. e. 3,65 × 4 = 14,6. f. 1,67 × 3 = 5,01.

5 a. 5 × 7 × 6 × 2 = 7 × 6 × 5 × 2 = 42 × 10 = 420.
b. 4 × 7 × 0,25 × 9 = 7 × 9 × 4 × 0,25 = 63 × 1 = 63.
c. 2,5 × 9 × 4 × 3 = 2,5 × 4 × 9 × 3 = 10 × 27 = 270.
d. 32 × 2 × 3 × 0,5 = 32 × 3 × 2 × 0,5 = 96 × 1 = 96.

6 a. 26,39 × 0,1 = 2,639 ; b. 453,7 × 0,01 = 4,537 ;
c. 157 × 0,1 = 15,7 ; d. 32,18 × 0,01 = 0,321 8 ;
e. 8 468,1 × 0,001 = 8,468 1 ; f. 0,2 × 0,001 = 0,000 2.

7 a. 123,45 × 678,9 = 83 810,205.
b. 12,345 × 6,789 = 83,810 205.
c. 123,45 × 67,89 = 8 381,020 5.
d. 1,234 5 × 678,9 = 838,102 05.

8 a. • 35 × 10,5 : c'est environ 35 × 10, soit 350 ; réponse *A*.
• 9,8 × 55 : c'est environ 10 × 55, soit 550 ; réponse *C*.
b. • 6,3 × 100,9 : c'est environ 6,3 × 100, soit 630.
• 99,8 × 42 : c'est environ 100 × 42, soit 4 200.

9 a. Le prix des pommes est 3 × 2,20 euros, soit 6,60 euros. Les tomates coûtent 2,5 × 2,85 euros, soit 7,13 euros.
b. En tout, Pierre dépense 6,60 + 7,13 euros, soit 13,73 euros.

10 $\begin{array}{r} 22 \\ \times 36 \\ \hline 132 \\ 66 \\ \hline 792 \end{array} \qquad \begin{array}{r} 796 \\ \times\ \ 4 \\ \hline 3168 \end{array}$

Il y a 4 années de 36 semaines de 22 heures en moyenne.
4 × 36 × 22 = 3 168. Un collégien passe environ 3 168 heures au collège durant sa scolarité.

5. Enchaînements d'opérations (pp. 10-11)

1 a. 6 + 3 × 4 = 6 + 12 = **18.**
b. 12 – 3 × 3 = 12 – 9 = **3.**
c. 5 × 4 + 3 = 20 + 3 = **23.**
d. 6 × 4 – 13 = 24 – 13 = **11.**

2 a. 6,5 + 2,1 × 5 = **17.**

$$\begin{array}{r} 2{,}1 \\ \times\ 5 \\ \hline 10{,}5 \end{array} \qquad \begin{array}{r} 10{,}5 \\ +\ 6{,}5 \\ \hline 17{,}0 \end{array}$$

b. 25,9 – 4,3 × 6 = **0,1.**

$$\begin{array}{r} 4{,}3 \\ \times\ 6 \\ \hline 25{,}8 \end{array} \qquad \begin{array}{r} 25{,}9 \\ -25{,}8 \\ \hline 0{,}1 \end{array}$$

c. 9,7 × 6 + 13 = **71,2.**

$$\begin{array}{r} 9{,}7 \\ \times\ 6 \\ \hline 58{,}2 \end{array} \qquad \begin{array}{r} 58{,}2 \\ +13 \\ \hline 71{,}2 \end{array}$$

d. 8 × 3,7 – 21,7 = **7,9.**

$$\begin{array}{r} 3{,}7 \\ \times\ 8 \\ \hline 29{,}6 \end{array} \qquad \begin{array}{r} 29{,}6 \\ -21{,}7 \\ \hline 7{,}9 \end{array}$$

3 a. (7 + 3) × 4 = 10 × 4 = **40.**

b. (9 – 4) × 7 = 5 × 7 = **35.**

c. 5 × (4 + 3) = 5 × 7 = **35.**

d. 6 × (12 – 5) = 6 × 7 = **42.**

4 a. 12 + 5 × (3 + 6) = 12 + 5 × 9 = 12 + 45 = **57.**

b. 29 – (9 – 5) × 7 = 29 – 4 × 7 = 29 – 28 = **1.**

5 a. (5 + 6) × 8 = **88.**

b. 6 × (3 + 4) + 2 = **44.**

6 a. **4 × 7,5 + 3 × 4,9**
b.

$$\begin{array}{r} 7{,}5 \\ \times\ 4 \\ \hline 30{,}0 \end{array} \qquad \begin{array}{r} 4{,}9 \\ \times\ 3 \\ \hline 14{,}7 \end{array} \qquad \begin{array}{r} 30 \\ +14{,}7 \\ \hline 44{,}7 \end{array}$$

Paolo va payer **44,70 €.**

7 a. **140 – 5 × 8 – 8 × 8**
b. 140 – 5 × 8 – 8 × 8 = 140 – 40 – 64 = 100 – 64 = 36
Il reste 36 bonbons à Julie.

6. Partage et division (p. 12)

1 a.

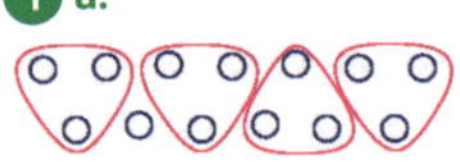

13 | 4
1 | 3

b.

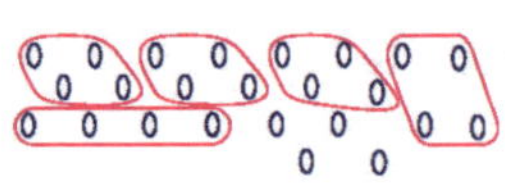

24 | 5
4 | 4

2 a.

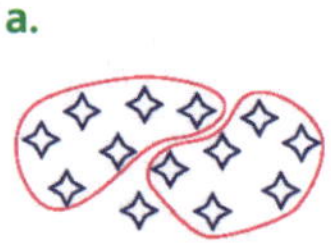

b.

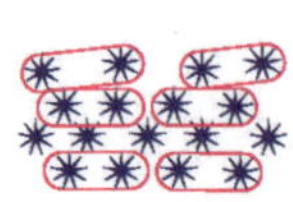

3
27 | 9
0 | 3

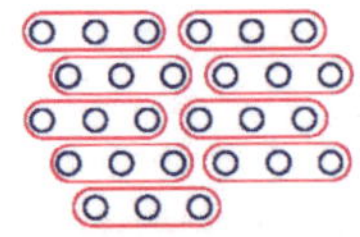

4 a.

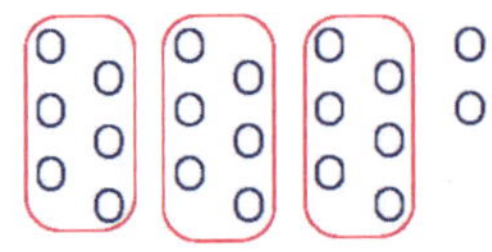

b.
20 | 3
2 | 6

c. **Jean doit mettre 6 bonbons par paquet.**
d. **Il reste 2 bonbons en dehors des paquets.**

7. Technique de la division (p. 13)

1 a.

$$\begin{array}{r|l} 319 & 5 \\ \hline -30 & 63 \\ 19 & \\ -15 & \\ \hline 4 & \end{array}$$

b.

$$\begin{array}{r|l} 3\,8\,1\,5 & 8 \\ \hline -3\,2 & 476 \\ 6\,1 & \\ -5\,6 & \\ \hline 5\,5 & \\ -4\,8 & \\ \hline 7 & \end{array}$$

c.

$$\begin{array}{r|l} 314 & 10 \\ \hline -30 & 31 \\ 14 & \\ -10 & \\ \hline 4 & \end{array}$$

d.

$$\begin{array}{r|l} 494 & 12 \\ \hline -48 & 41 \\ 14 & \\ -12 & \\ \hline 2 & \end{array}$$

2 a. **Il doit faire 126 ÷ 6.**
b. Voir ci-contre :

$$\begin{array}{r|l} 126 & 6 \\ \hline 06 & 21 \\ 0 & \end{array}$$

c. Il doit épargner **21 euros chaque mois.**

3 a.

$$\begin{array}{r|l} 231 & 4 \\ \hline 31 & 57 \\ 3 & \end{array}$$

b.

$$\begin{array}{r|l} 634 & 2 \\ \hline 03 & 317 \\ 14 & \\ 0 & \end{array}$$

c.

$$\begin{array}{r|l} 735 & 11 \\ \hline 75 & 66 \\ 9 & \end{array}$$

d.

$$\begin{array}{r|l} 1\,356 & 21 \\ \hline 096 & 64 \\ 12 & \end{array}$$

4 a. Les trois côtés de même longueur mesurent ensemble 36 – 12, soit 24.
24 ÷ 3 = 8, on a donc **AB = 8 cm.**
b. On fait 36 ÷ 4 = 9. **Le côté du carré mesurerait 9 cm.**

8. Déplacement de virgules (p. 14)

1 a. 12,35 × 10 = **123,5** ; b. 35,67 × 100 = **3 567** ;
c. 15 × 100 = **1 500** ; d. 35,65 × 0,1 = **3,565** ;
e. 49,1 × 0,001 = **0,049 1** ; f. 3 124 × 0,01 = **31,24.**

2 a. 1,35 ÷ 10 = **0,135** ; b. 678,9 ÷ 100 = **6,789** ;
c. 48 ÷ 100 = **0,48** ; d. 23,2 ÷ 0,1 = **232** ;
e. 49,1 ÷ 0,001 = **49 100** ; f. 0,245 ÷ 0,01 = **24,5.**

3 a. 45,23 × 10 = **452,3** ; b. 23,578 9 × 100 = **2 357,89** ;
c. **0,1** × 123,4 = 12,34 ; d. 753,159 × **0,001** = 0,753 159 ;
e. 1 984,2 ÷ **100** = 19,842 ; f. 32,54 ÷ **0,1** = 325,4 ;

4 a. Un centième de 12,16, c'est 12,16 × 0,01, soit **0,121 6.**
b. Un millième de 74,85, c'est 74,85 × 0,001, soit **0,074 85.**
c. Le centuple de 1,325, c'est 1,325 × 100, soit **132,5.**

5 a. 324 ÷ **1 000** = 0,324 ; b. 26,84 ÷ **0,01** = 2 684 ;
c. 12 345 ÷ **100** = 123,45 ; d. 8,5 ÷ **0,1** = 85 ;
e. 3,56 × **0,001** = 0,003 56 ;
f. 98,15 × **1 000** = 98 150.

6 a. 6,243, c'est le centième de 624,3.
b. Un dixième de 45, c'est 4,5.
c. Le **centuple** de 2, c'est 200.

9. Notion de fraction (1) (p. 15)

1 a. $\frac{3}{10} = 0{,}3$; b. $\frac{1\,003}{20} = 50{,}15$; c. $\frac{1}{4} = 0{,}25$;
d. $\frac{27}{6} = 4{,}5$; e. $\frac{52}{10} = 5{,}2$; f. $\frac{21}{14} = 1{,}5$.

2 a. trente et un centièmes $= \frac{31}{100}$;
b. sept huitièmes $= \frac{7}{8}$;
c. quinze sixièmes $= \frac{15}{6}$;
d. cent vingt-sept demis $= \frac{127}{2}$.

3 a. $a = \frac{4}{12}$; b. $b = \frac{3}{5}$; c. $c = \frac{19}{24}$.

4 a.
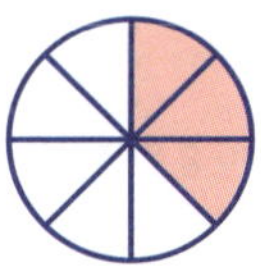
b.

c.
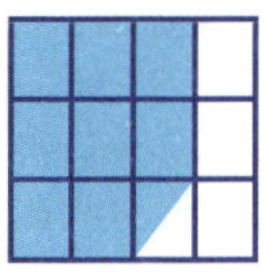

5 a. $2{,}5 = \frac{5}{2}$; $7{,}5 = \frac{15}{2}$; $1{,}25 = \frac{5}{4}$.
b. $0{,}7 = \frac{7}{10}$; $0{,}39 = \frac{39}{100}$; $4{,}3 = \frac{43}{10}$.

10. Notion de fraction (2) (p. 16)

1 a. $\frac{5}{100} + \frac{12}{100} = \frac{17}{100}$. b. $\frac{26}{1\,000} + \frac{45}{1\,000} = \frac{71}{1\,000}$.
c. $\frac{12}{25} + \frac{23}{25} = \frac{35}{25}$. d. $\frac{5}{7} + \frac{4}{7} = \frac{9}{7}$.

2 a. $\frac{4}{8} \times 8 = 4$.
b. $\frac{12}{17} \times 17 = 12$.
c. $25 \times \frac{13}{25} = 13$.
d. $18 \times \frac{51}{18} = 51$.

3 a. $4 \times \frac{8}{4} = 8$. b. $7 \times \frac{10}{7} = 10$.
c. $5 \times \frac{11}{5} = 11$. d. $3 \times \frac{17}{3} = 17$.

4 a. $24 \times \frac{1}{2} = 24 \div 2 = 12$. b. $13 \times \frac{1}{2} = 13 \div 2 = 6{,}5$.
c. $28 \times \frac{1}{4} = 28 \div 4 = 7$. d. $18 \times \frac{1}{4} = 18 \div 4 = 4{,}5$.

11. Repérage et décimaux (p. 17)

1 a. L'abscisse de *A* est 8. b. L'abscisse de *B* est 10.
c. L'abscisse de *C* est 13.

2 a. L'abscisse de *D* est 3. L'abscisse de *E* est 13. L'abscisse de *F* est 8.
b. L'abscisse de *G* est 1,5. L'abscisse de *H* est 2. L'abscisse de *I* est 2,75.

3 a.

b.
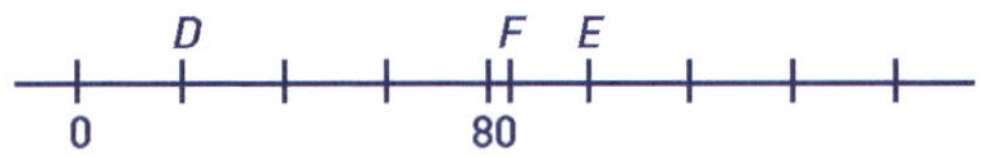

c.

4 a. L'abscisse d'un point situé entre *B* et *C* commence par 2,62 : par exemple, 2,624.
b. Le point d'abscisse 2,661 2 se situe entre *F* et *G*.

12. Utiliser Scratch (pp. 18-19)

1 a.

b.
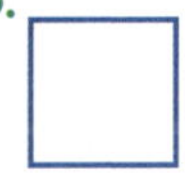
c.
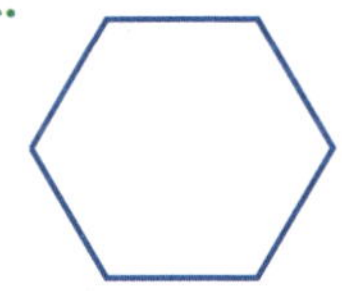

2 a.
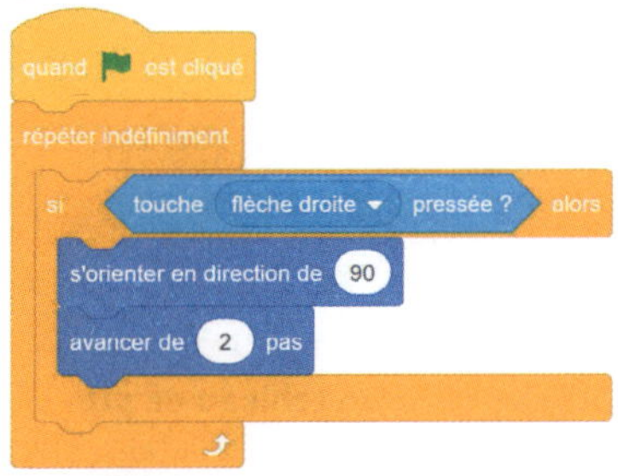

b. Flèche gauche.
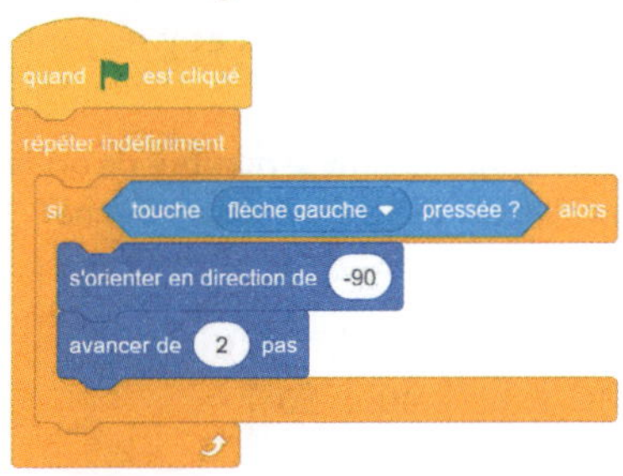

Flèche haut.
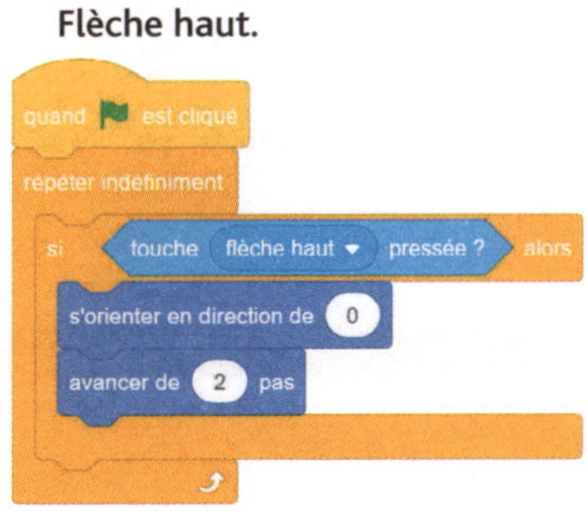

Flèche bas.

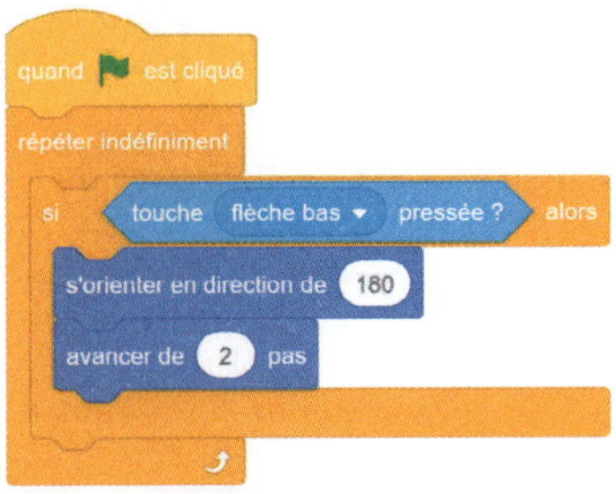

3

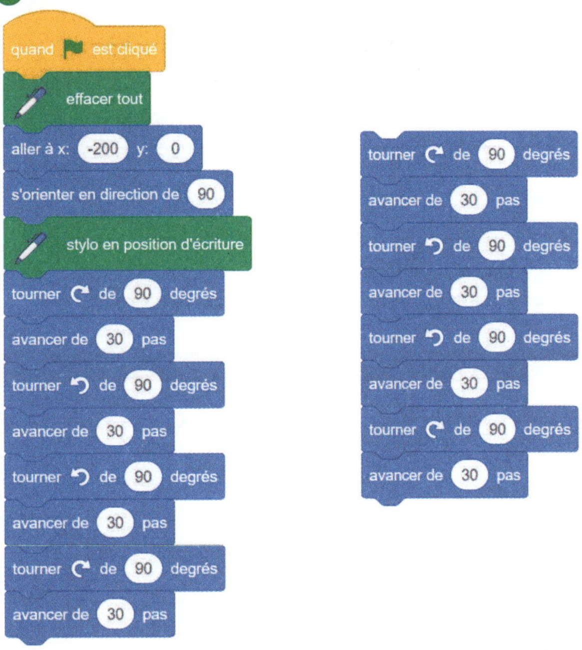

13. Proportionnalité (p. 20)

1 a. On a 2,6 ÷ 2 = 1,3 ; 6,5 ÷ 5 = 1,3 ; 10,4 ÷ 8 = 1,3 ; 16,9 ÷ 13 = 1,3 et 14,43 ÷ 11,1 = 1,3.
b. Les quotients étant tous égaux, c'est un tableau de proportionnalité.

2 On a 3 ÷ 4 = 0,75 et 9,9 ÷ 13 = 0,76 .
Les quotients n'étant pas égaux, les grandeurs *x* et *y* ne sont pas proportionnelles.

3 a. Les deux grandeurs proportionnelles sont le nombre de brins vendus et la recette en euros ; le coefficient de proportionnalité est 2,5, le prix d'un brin en euros.
b.

nombre de brins vendus	1	10	17	40	50
recette en euros	2,50	25	42,50	100	125

(×2,5)

4 C'est proportionnel : la masse de sucre utilisée par Marie est $150 \times \frac{125}{250}$, soit 75 g.

14. Pourcentages (p. 21)

1 a. $23\ \% = \frac{23}{100} = 0{,}23$; $47\ \% = \frac{47}{100} = 0{,}47$;
$3\ \% = \frac{3}{100} = 0{,}03$; $100\ \% = \frac{100}{100} = 1$
et $23{,}5\ \% = \frac{23{,}5}{100} = 0{,}235$.

b. $0{,}37 = \frac{37}{100} = 37\ \%$; $0{,}98 = \frac{98}{100} = 98\ \%$.
$0{,}06 = \frac{6}{100} = 6\ \%$; $1{,}32 = \frac{132}{100} = 132\ \%$
et $0{,}355 = \frac{35{,}5}{100} = 35{,}5\ \%$.

2 a. 28 % de 50 = 28 ÷ 100 × 50 = 14.
b. 53 % de 420 = 53 ÷ 100 × 420 = 222,6.
c. 10 % de 35 = 10 ÷ 100 × 35 = 3,5.
d. 100 % de 1 234 = 1 234.

3 a. L'augmentation est 15 % × 500 euros, soit 75 euros.
b. Le nouveau prix est 500 + 75, soit 575 euros.
c. La remise est de 575 × 15 %, soit 86,25 euros.
d. Il faut finalement payer 575 – 86,25, soit 488,75 euros.

4 a. Le pourcentage des autres produits est : 100 % – 60 % – 35 %, soit 5 %.
b. La masse de cacao est 600 g × 60 %, soit 360 g et celle de lait 600 g × 35 %, soit 210 g.
c. La masse des autres produits est 600 g × 5 %, soit 30 g ou bien 600 g – 360 g – 210 g, soit 30 g.

15. Tableaux de proportionnalité (pp. 22-23)

1

a. (+)

a	4	7	11
b	6	10,5	16,5

b. (–)

c	2,3	1,4	0,9
d	4,6	2,8	1,8

c. (× 8)

x	2,3	18,4
y	12	96

2 (× 6)

nombre de CD	5	30
prix en euros	57	342

30 CD coûtent 342 euros.

3

a. (–)

g	32	6	26
h	24	4,5	19,5

b. (+)

e	11,2	5,7	16,9
f	33,6	17,1	50,7

Quadrilatères

- Un **quadrilatère** est une figure délimitée par quatre segments appelés côtés.

– Pour nommer la figure, on en fait le tour.
La figure ci-contre s'appelle par exemple *ROME*.

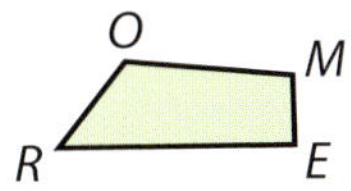

– Les points *R*, *O*, *M* et *E* sont les **sommets**.
– [*RM*] et [*OE*] sont les **diagonales** du quadrilatère.
– Les **côtés** [*RO*] et [*OM*] sont **consécutifs**, alors que [*RO*] et [*ME*] sont **opposés**.

- Un **rectangle** est un quadrilatère qui possède quatre angles droits.
Ses diagonales ont le même milieu et ont la même longueur. Il a deux axes de symétrie qui sont les médiatrices des côtés.

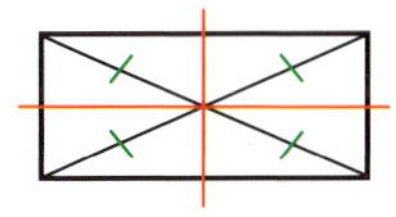

- Un **losange** est un quadrilatère qui a quatre côtés de la même longueur.
Ses diagonales ont le même milieu et sont perpendiculaires.
Il a deux axes de symétrie qui sont les deux diagonales.

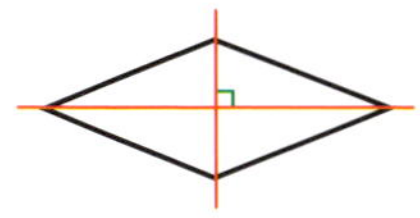

- Un **carré** est un quadrilatère qui est à la fois rectangle et losange.
Il a les propriétés du rectangle et celles du losange.
Il possède quatre axes de symétrie.

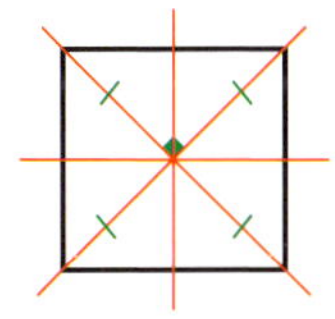

Longueurs

- La longueur d'un segment [*AB*] se note *AB* : c'est le nombre d'unités contenues dans [*AB*].
- Le périmètre d'une figure est la somme des longueurs de ses côtés.
- Le périmètre d'un cercle est $2 \times \pi \times r$ ou $2 \times d$ avec *r* le rayon, *d* le diamètre.
- Pour passer d'une unité de longueur à celle immédiatement inférieure, on multiplie par 10.
- Pour passer d'une unité de longueur à celle immédiatement supérieure, on multiplie par 0,1.

Exemples
5,23 m = 5,23 × 10 dm = 52,3 dm.
8 hm = 8 × 0,1 km = 0,8 km.

Aires

- Une **aire** est la mesure d'une surface à l'aide d'une unité.
- On utilise, comme unité d'aire, le **mètre carré** (m^2) et ses multiples ainsi que l'hectare (ha), l'are (a) et le centiare (ca) avec 1 a = 100 m^2.

- **triangle rectangle**

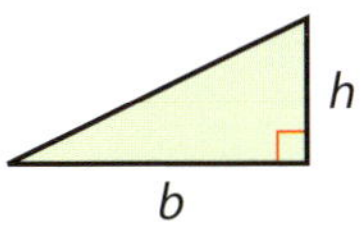

$a = \dfrac{b \times h}{2}$

- **rectangle**

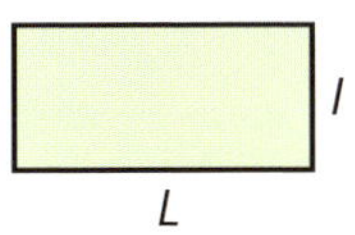

$a = L \times l$

- **carré**

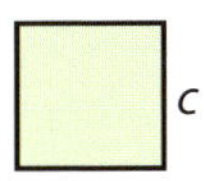

$a = c \times c$

- **disque**

$a = \pi \times r \times r$

Volumes

- Un **parallélépipède rectangle** ou **pavé droit** est un solide délimité par six rectangles.

Exemple
Ci-contre, *ABCDEFGH* est un pavé droit :
– il a huit sommets, les points *A*, *B*, etc. ;
– il a six faces, les rectangles *ABCD*, *ABFE*, etc. ;
– il a douze arêtes, les segments [*AB*], [*EF*], [*HE*], etc.

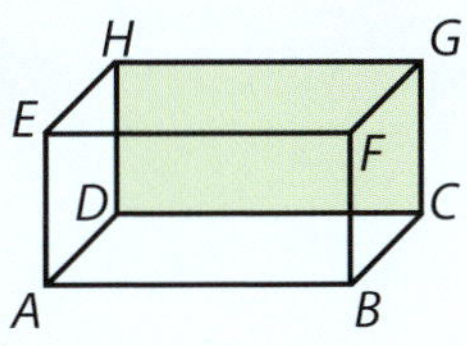

- Un **cube** est un pavé droit dont toutes les faces sont des carrés.
- Le volume *V* d'un parallélépipède rectangle de dimensions *L*, *l* et *h* est :

$V = L \times l \times h$.

- Le volume *V* d'un cube de dimension *c* est : $V = c \times c \times c$.

Mémento maths 6^{e}

Philippe Rousseau - Nicolas Clamart

Nombres décimaux

- Un **nombre décimal** est un nombre qui peut s'écrire avec une partie entière suivie d'une virgule et d'une partie décimale (avec un nombre fini de chiffres).
- La **valeur d'un chiffre** est fonction de sa position (unités, dizaines, dixièmes ...).

Exemple
Le nombre 425,36 est un nombre décimal. Sa partie entière est 425.
4 est le chiffre des centaines et 6 est le chiffre des centièmes.
On peut écrire : $425{,}36 = 425 + \frac{3}{10} + \frac{6}{100}$.

- Pour **comparer deux nombres décimaux**, on commence par comparer les parties entières, puis, si nécessaire, les parties décimales chiffre par chiffre (dixièmes, centièmes...).

Exemple
On veut comparer les nombres 64,243 et 64,25.
Ils ont la même partie entière 64 et le même chiffre des dixièmes.
Le chiffre des centièmes de 64,243 est 4 et celui de 64,25 est 5 donc $64{,}243 < 64{,}25$.

Fractions

- Soit a et b deux entiers avec b différent de 0.

On appelle **fraction** le quotient de a par b que l'on note $\frac{a}{b}$. a est le **numérateur** et b est le **dénominateur**.

- $a \times \frac{b}{a} = b$.

Proportionnalité

- Deux grandeurs sont dites **proportionnelles** quand on passe de l'une à l'autre en multipliant toujours par le même nombre. Ce nombre est le coefficient de **proportionnalité**.

Exemple
Le prix de l'essence est proportionnel à la quantité achetée.

quantité achetée en litres	1	5	25	37,25
prix payé en euros	1,20	6	30	44,70

× 1,20

C'est un tableau de proportionnalité : 1,20 est le coefficient de proportionnalité.

- Dans un tableau de proportionnalité, on peut :
– additionner (ou soustraire) deux colonnes pour en obtenir une troisième ;
– multiplier une colonne par un nombre pour obtenir une nouvelle colonne.

Exemples

+

x	2,7	4,1	6,8
y	2,97	4,51	7,48

× 6

x	13	78
y	4,5	27

Durées

- Pour mesurer le temps, on emploie l'heure (h), la minute (min) et la seconde (s).
- On a : 1 min = 60 s ; 1 h = 60 min ; 1 h = 3 600 s.

Exemples
$2\text{ h }15\text{ min }40\text{ s} = 2 \times 3\,600\text{ s} + 15 \times 60\text{ s} + 40\text{ s} = 8\,140\text{ s}$.
$758\text{ s} = 720\text{ s} + 38\text{ s} = 12 \times 60\text{ s} + 38\text{ s} = 12\text{ min }38\text{ s}$.

Opérations

- Une **somme** est le résultat d'une addition de plusieurs termes.
- Une **différence** est le résultat d'une soustraction entre deux termes.
- Un **produit** est le résultat d'une multiplication de plusieurs facteurs.
- Un **quotient** est le résultat d'une division.
- Une **division euclidienne** est une division avec des nombres entiers. Elle comporte un **dividende**, un **diviseur**, un **quotient** et un **reste**.

On a : dividende = diviseur × quotient + reste.

Exemples

$23,9 + 15,2 + 4,3 = 43,4$: 43,4 est la somme des termes 23,9 ; 15,2 et 4,3.

$4 \times 5 \times 8 = 160$: 160 est le produit des facteurs 4 ; 5 et 8.

213	12
93	17
9	

C'est une division euclidienne. 213 est le dividende, 12 le diviseur, 17 est le quotient entier et 9 le reste.
On a : $213 = 12 \times 17 + 9$.

- Pour multiplier un nombre par 10, par 100 ou par 1 000, il suffit de déplacer la virgule de 1, de 2 ou de 3 rangs vers la droite.
- Pour multiplier un nombre par 0,1 par 0,01 ou par 0,001, il suffit de déplacer la virgule de 1, de 2 ou de 3 rangs vers la gauche.
- Pour diviser un nombre par 10, par 100 ou par 1 000, il suffit de déplacer la virgule de 1, de 2 ou de 3 rangs vers la gauche.
- Pour diviser un nombre par 0,1 par 0,01 ou par 0,001, il suffit de déplacer la virgule de 1, de 2 ou de 3 rangs vers la droite.

Exemples

$945,13 \times 10 = 9\,451,3$ $7\,323 \times 0,01 = 73,23$ $17,6 \div 1\,000 = 0,017\,6$

- Quand on effectue un enchaînement d'opérations, on doit respecter l'ordre suivant :

– effectuer d'abord les calculs entre parenthèses,
– effectuer ensuite les multiplications,
– effectuer en dernier les additions et les soustractions, de la gauche vers la droite.

Exemples

$8 + 5 \times (1 + 8) = 8 + 5 \times 9 = 8 + 45 = 53.$

Éléments de géométrie

- le **point** A

- le **segment** $[CD]$

- la **droite** (EF)

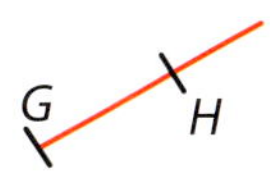

- la **demi-droite** $[GH]$

- le **cercle**

O est le **centre** du cercle.
$[OF]$ est un **rayon** du cercle.
$[MN]$ est un **diamètre** du cercle.
$[DE]$ est une **corde** du cercle.

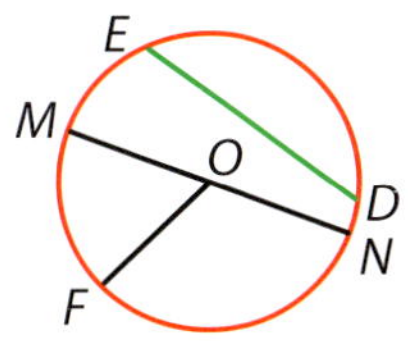

Droites

- Deux droites ayant un point en commun et un seul sont dites **sécantes**.
- Deux droites qui ne sont pas sécantes sont dites **parallèles**.
- Deux droites sécantes formant un angle droit sont dites **perpendiculaires**.

Exemples

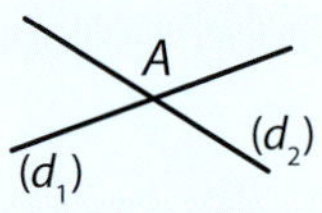

(d_1) et (d_2) sont sécantes en A.

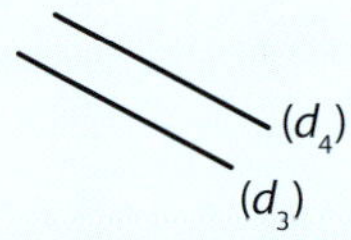

(d_3) est parallèle à (d_4) ; on note : (d_3) // (d_4).

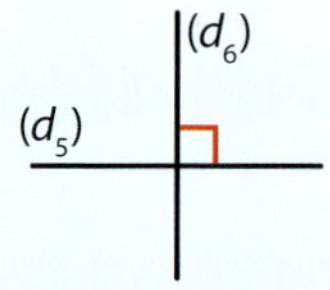

(d_5) et (d_6) sont perpendiculaires ; on note : (d_5) $\perp$ (d_6).

- Si deux droites sont perpendiculaires à une même troisième droite, alors elles sont **parallèles** entre elles.
- Si deux droites sont parallèles à une même troisième droite, alors elles sont **parallèles** entre elles.
- Si deux droites sont parallèles et si une troisième droite est perpendiculaire à l'une d'elles, alors cette troisième droite est **perpendiculaire** à l'autre.

Symétrie axiale

- La **médiatrice d'un segment** est la droite qui passe par le milieu de ce segment et qui est perpendiculaire à ce segment.
- Soit (d) une droite et M un point n'appartenant pas à (d). Le **symétrique de *M* par rapport à (*d*)** est le point M' tel que (d) soit la médiatrice de [MM'].
- On dit que (d) est un **axe de symétrie** d'une figure, si cette figure est confondue avec son symétrique par rapport à la droite (d).

Exemples

- (d) est la médiatrice du segment [AB].
- Le symétrique de A par rapport à la droite (d) est B.
- A et B sont symétriques par rapport à la droite (d).
- Le point I est son propre symétrique par rapport à la droite (d)
- (d) est un axe de symétrie du segment [AB].

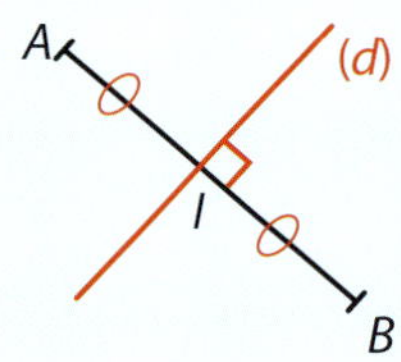

- Si deux segments sont symétriques, alors ils ont la même longueur.
- Si deux angles sont symétriques, alors ils ont la même mesure.
- Si un point est sur la médiatrice d'un segment, alors il est équidistant des extrémités du segment.
- Si un point est équidistant des extrémités d'un segment, alors il appartient à la médiatrice de ce segment.

Triangles

- ABC est un **triangle**.
A, B et C sont les **sommets**.
[AB], [BC] et [CA] sont les **côtés**.

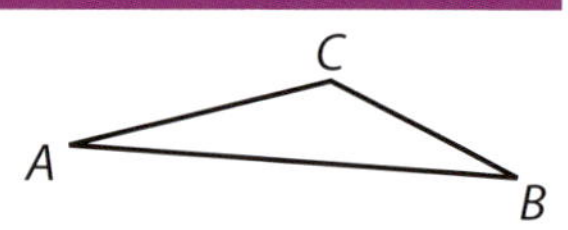

- Un **triangle rectangle** est un triangle possédant un angle droit.
- Un **triangle isocèle** est un triangle qui possède deux côtés de la même longueur. Le troisième côté est la base du triangle.
Un triangle isocèle possède un axe de symétrie qui est la médiatrice (d) de sa base.

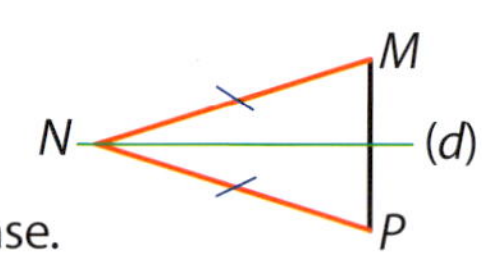

- Un **triangle équilatéral** est un triangle qui possède trois côtés de la même longueur.
Un triangle équilatéral possède trois axes de symétrie qui sont les médiatrices de chacun des côtés.

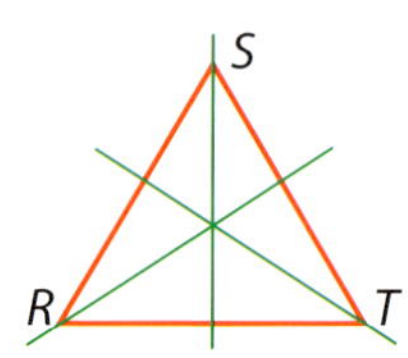

c.

$\times 5$

x	7	35
y	2,1	10,5

4

$\times 5$

Distance parcourue en km	100	**200**	500	**300**
Consommation moyenne en L	8	16	**40**	24

$\times 2$; +

5 a.

$\div 300$; $\times 300$

durée en s	1	3	**1,5**	50
distance en m	**300**	**900**	450	**3 600**

b. En 3 secondes, le tonnerre parcourt **900 mètres**.
c. Il faut **1,5 seconde** au tonnerre pour parcourir 450 mètres.
d. Le tonnerre met **12 secondes** pour parvenir à la maison.

6 a. 5,20 ÷ 0,8 = 6,5 et 7,8 ÷ 1,2 = 6,5 :
les quotients sont égaux.
Le prix est proportionnel à la masse du rôti.
b.

$\times 3$; +

masse (en kg)	2,4	0,8	1,2	2
prix (en €)	15,60	5,20	7,80	13,00

c. **2 kg de rôti coûtent 13 euros.**
d. **Avec 15,60 euros, on peut acheter 2,4 kg de rôti.**

7 En multipliant par 5 d'une colonne à l'autre, on a :

prix	50 €	**250 €**
remise	15 €	**75 €**

Avec un prix initial de 250 €, **la remise est de 75 €.**

16. Tableaux (pp. 24-25)

1 a. **Il y a 97 familles de 3 enfants dans cette ville.**
b. 80 + 153 + 137 + 97 + 25 + 8 = 500 : **il y a 500 familles dans cette ville.**
c. 1 × 153 + 2 × 137 + 3 × 97 + 4 × 25 + 5 × 8 = 858 : **il y a 858 enfants.**

2 a. 56 + 22 + 16 + 31 = 125 : il y a **125 adhérents** dans ce club.
b. 56 + 22 = 78 : il y a **78 hommes** dans ce club.
c. 56 + 16 = 72 : il y a **72 adhérents** pratiquant un sport.
d. Parmi les 78 hommes, 56 pratiquent un sport : la proportion est $\frac{56}{78}$.
e. Parmi les 72 adhérents pratiquant un sport, il y a 16 femmes : la proportion est $\frac{16}{72}$.
f. Parmi les 125 adhérents du club, 72 pratiquent un sport : la proportion est $\frac{72}{125}$.

3 a.

taille	1 m 50	1 m 58	1 m 60	1 m 62
effectif	1	2	4	4

taille	1 m 65	1 m 70	1 m 75	1 m 80
effectif	3	5	3	3

b. 1 + 2 + 4 + 4 + 3 + 5 = 19 : **19 élèves mesurent moins de 1 m 71.**

4 a. **Elle peut obtenir 10 avec un 2 sur un dé et un 5 sur l'autre.**
b.

	1	2	3	4	5	6
1	1	2	3	4	5	6
2	2	4	6	8	10	12
3	3	6	9	12	15	18
4	4	8	12	16	20	24
5	5	10	15	20	25	30
6	6	12	18	24	30	36

5 a. Le nombre total d'Européens est donné par : **30 + 50.**
b. Le nombre total de femmes est donné par : **220 – 115.**
c.

	femmes	hommes	total
Européens	30	50	80
Américains	65	30	95
autres	10	35	45
total	105	115	220

6

sexe / âge	fille	garçon	total
10 ans	2	1	3
11 ans	7	9	16
12 ans	3	3	6
total	12	13	25

17. Graphiques (pp. 26-27)

1

couleur	cœur	trèfle	carreau	pique
effectif	6	8	3	7

L'effectif total est bien 6 + 8 + 3 +7 = 24.

2 a.

note	8	9	11	12	13	14	16
effectif	3	5	2	4	2	7	2

b.

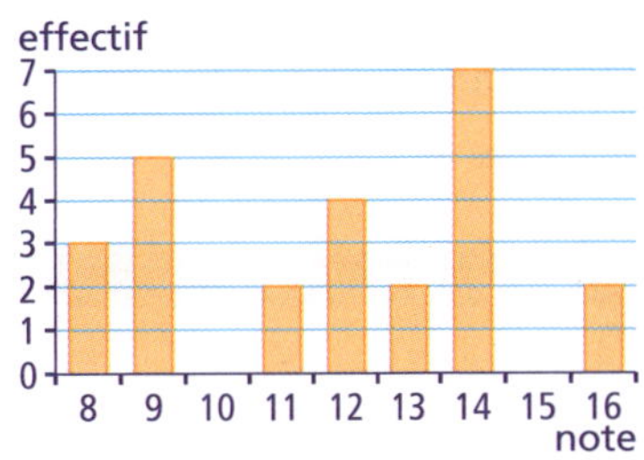

3 a. **La température maximale est de 26 °C à 15 heures.**
b. **Il fait 22 °C à environ 12 heures et 21 heures.**
c. **La température baisse de 15 °C à 11° entre minuit et 6 heures ; elle augmente jusqu'à 26 °C entre 6 heures et 15 heures, puis baisse jusqu'à 20 °C entre 15 heures et minuit.**

4 a. Le diagramme 1) ne convient pas, car il n'y a que trois parties.
Le diagramme 3) ne convient pas, car le foot représente la moitié des réponses et la partie en vert fait plus de la moitié du diagramme. **Le bon diagramme est le 2).**
b. **Le foot** avec la moitié des réponses **est en vert ; le basket** avec un quart des réponses **est en rose.** Quant au tennis, plus pratiqué que le vélo, il est **en jaune** et le **vélo en turquoise.**

5 a. 30 – 7 – 6 – 10 = 7.
Le club a 7 adhérents âgés de 16 ans.
b. Le coefficient de proportionnalité est 180 ÷ 30, soit **6.**
c.

âge	14 ans	15 ans	16 ans	17 ans	total
nombre d'adhérents	7	6	7	10	30
mesure de l'angle (en degrés)	42	36	42	60	180

d.

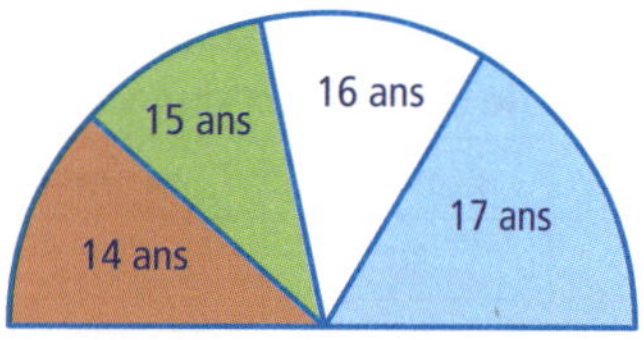

Quiz Bilan *(pp. 28-30)*

1 B	7 B	13 A	19 B	25 C
2 D	8 C	14 B	20 A	26 A
3 A	9 D	15 B	21 A	27 D
4 C	10 B	16 B	22 D	28 B
5 B	11 A	17 B	23 D	29 D
6 C	12 D	18 A	24 B	30 A

18. Éléments de géométrie (p. 31)

1 a. C'est la demi-droite [*OQ*).
b. C'est le segment [*MN*].
c. C'est la droite (*PR*).
d. C'est la demi-droite [*ST*).

2

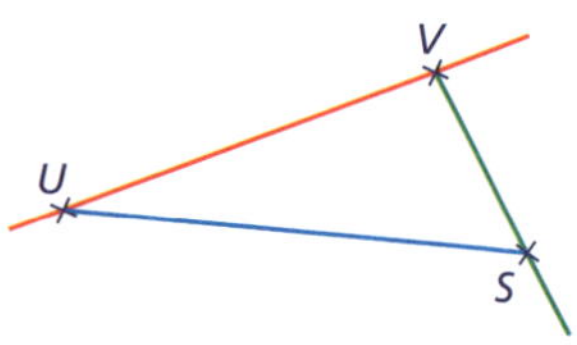

3 a. $M \in [MN]$; b. $M \notin [QN]$; c. $P \notin [MN)$;
d. $M \notin [QN)$; e. $N \in (MQ)$; f. $Q \in [MN]$.

4 a. Les points alignés avec *U* et *Z* sont *U, V, X* et *Z*.
b. Les points non alignés avec *Y* et *T* sont *U, X, W* et *Z*.

5 a. Vrai. b. Vrai. c. Faux.

19. Parallèles – Perpendiculaires (p. 32)

1

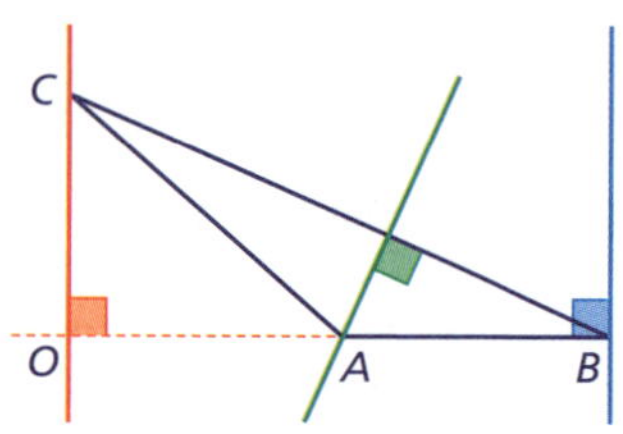

2 a.

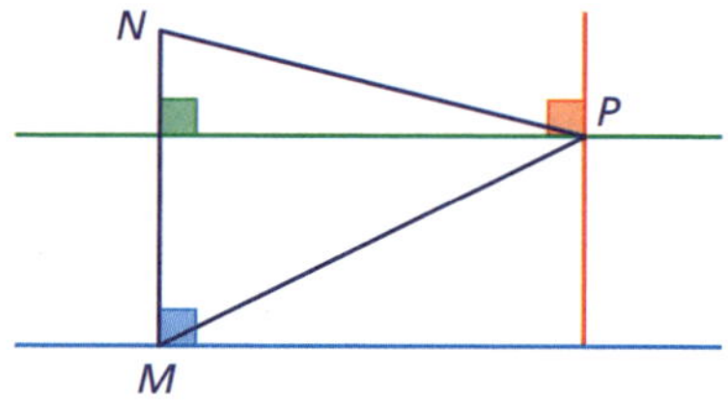

b. Les droites rouge et bleue semblent être perpendiculaires.

3 a. (*NQ*) // (*OP*) ; b. (*NP*) ⊥ (*OM*) ;
c. (*NP*) ... (*OQ*) : on ne peut pas compléter.
d. (*MQ*) ⊥ (*OP*) ; e. (*NP*) // (*NP*).

4 a.

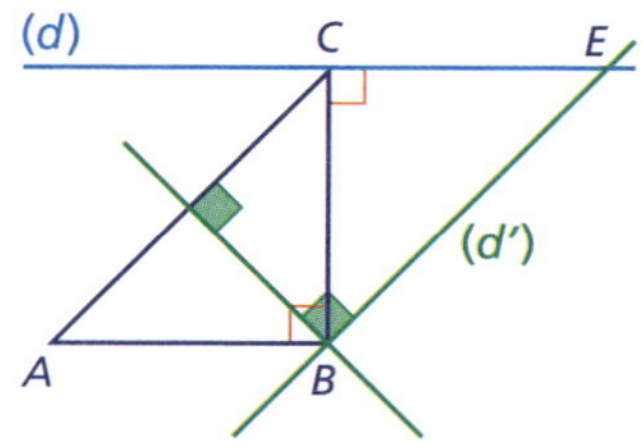

b. On vérifie bien que [*AB*] et [*CE*] ont la même longueur.

20. Droites et théorèmes (p. 33)

1 On sait que (d_1) et (d_3) sont perpendiculaires
et que (d_2) et (d_3) sont perpendiculaires.
Si deux droites sont perpendiculaires à une même troisième droite,
alors elles sont parallèles entre elles.
On a donc (d_1) et (d_2) parallèles.

2 On sait que (*ED*) et (*AB*) sont perpendiculaires
et que (*CA*) et (*AB*) sont perpendiculaires.
Si deux droites sont perpendiculaires à une même troisième droite,
alors elles sont parallèles entre elles.
On a donc (*CA*) et (*DE*) parallèles.

3 a. On sait que (*AB*) et (*CD*) sont parallèles et que (*AB*) et (*AD*) sont perpendiculaires.
b. On peut en conclure que (*AD*) et (*CD*) sont perpendiculaires.
c. C'est : « Si deux droites sont parallèles et
si une troisième droite est perpendiculaire à l'une,
alors elle est perpendiculaire à l'autre. »

4 Il permet de prouver que (*AB*) et (*CD*) sont parallèles.

21. Triangles et cercles (pp. 34-35)

1 a. Le triangle rouge est *ABD*.
b. Les triangles sont *ABC, ABD, ACD* et *BCD*.

2 a. *OPR* est rectangle isocèle en *O*.
b. C'est un triangle équilatéral.
c. On a *OP* = *OS* = *PS* = rayon, donc *OPS* est équilatéral.

3 a.

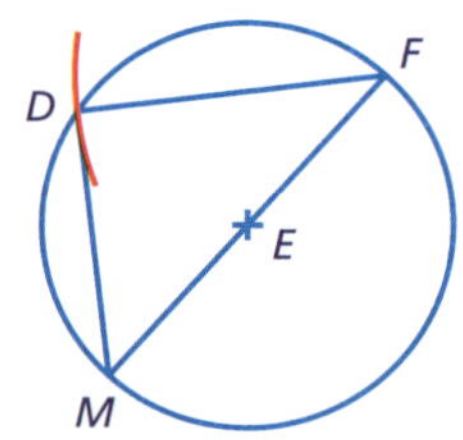

b. Dans ce cercle, il y a un diamètre qui est [*FM*]. Les rayons dessinés sont [*EM*] et [*EF*].
Les **trois** cordes dessinées de ce cercle sont aussi les trois côtés du triangle *EDF*, c'est-à-dire les segments [*FM*], [*FD*] et [*DM*].

4 Trace un cercle de centre *A* et de rayon 1,5 cm.
Trace un cercle de centre *B* et de diamètre [*MN*] qui mesure 4 cm.

5 a.

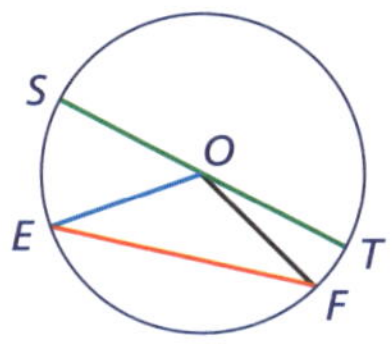

b. **[*OE*] et [*OF*] sont deux rayons du cercle.**
c. On a *OE* = *OF*, donc ***OEF*** **est isocèle en** ***O*****.**
d. ***OSE*****,** ***OSF*****,** ***OEF*****,** ***OET*** **et** ***OFT*** **sont isocèles en** ***O*****.**

6

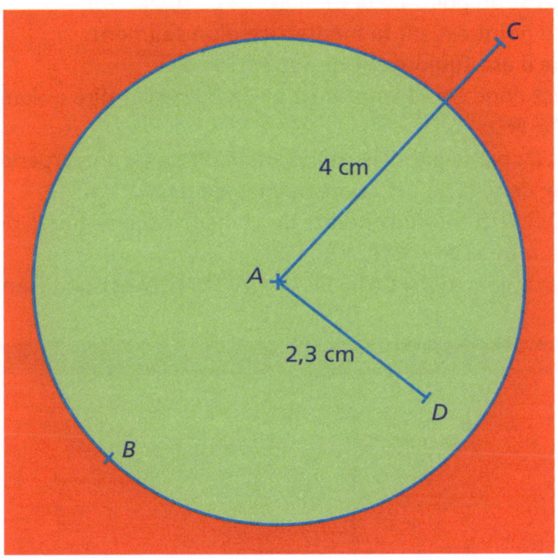

7 a.

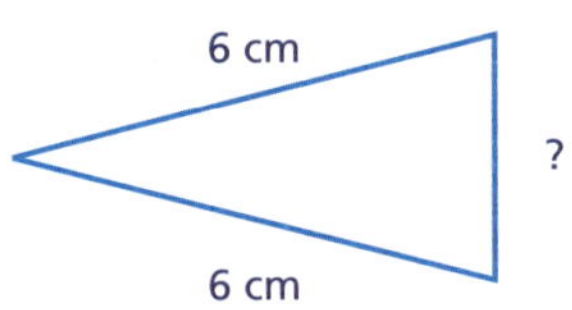

Un deuxième côté peut mesurer 6 cm et le troisième 15 cm – 6 cm – 6 cm, soit 3 cm. Les côtés du triangle mesurent 3 cm, 6 cm et 6 cm.

b.

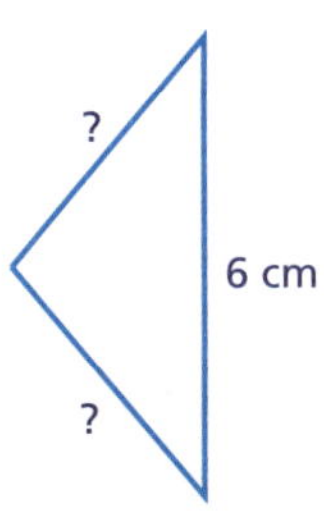

Les deux autres côtés peuvent mesurer ensemble 15 cm – 6 cm, soit 9 cm ; chacun mesure alors 9 cm ÷ 2, soit 4,5 cm. **Les côtés du triangle mesurent 4,5 cm, 4,5 cm et 6 cm.**

22. Médiatrice – Symétrique (p. 36)

1

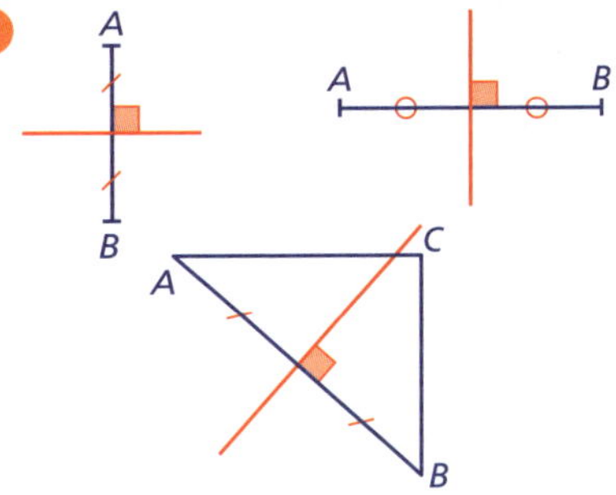

2

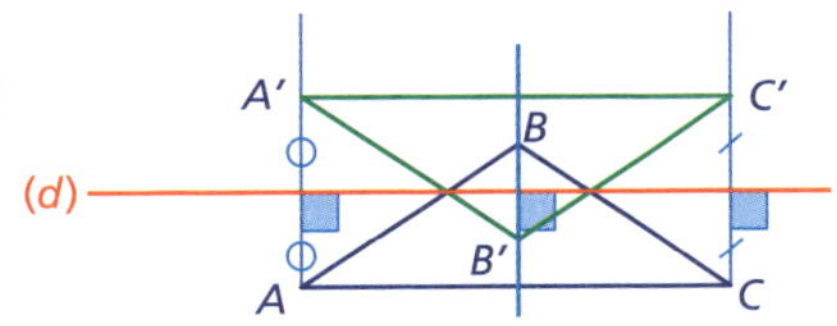

3

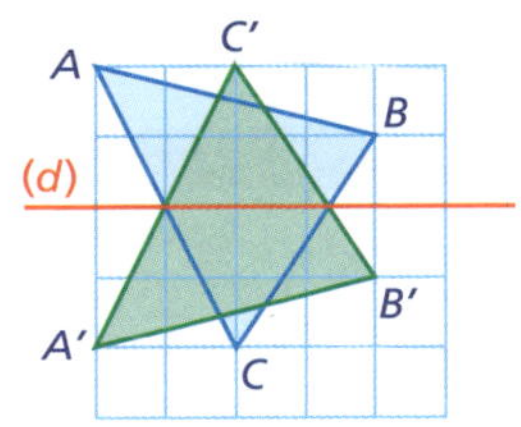

4

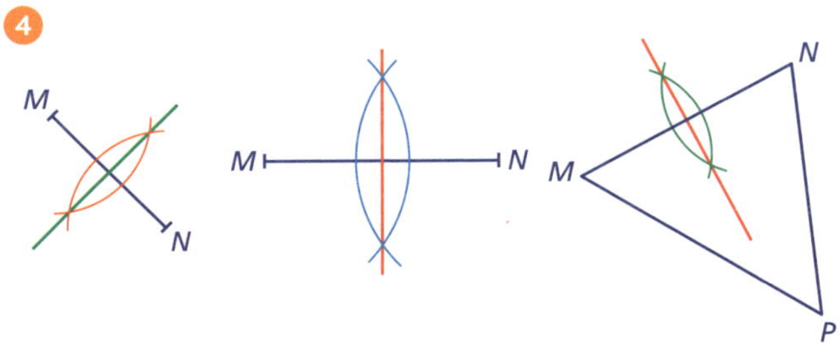

23. Axe de symétrie (p. 37)

1

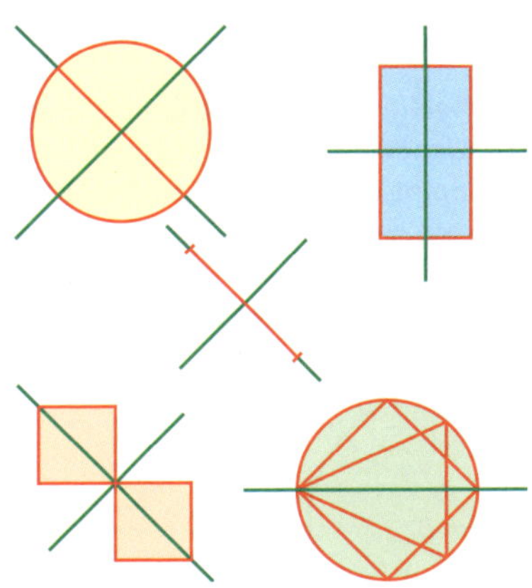

2

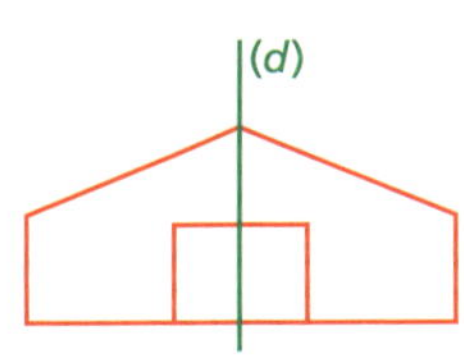

3

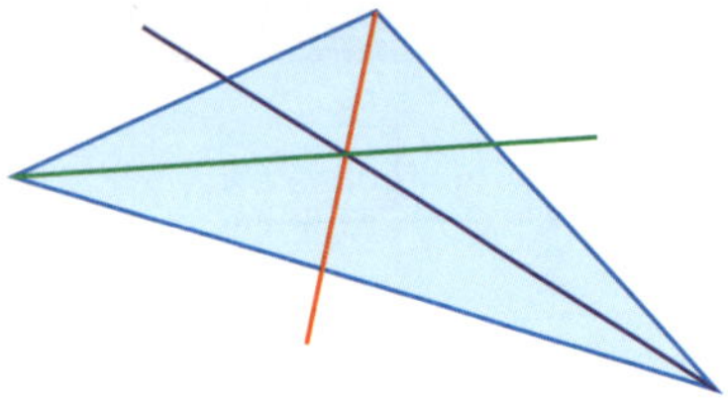

4

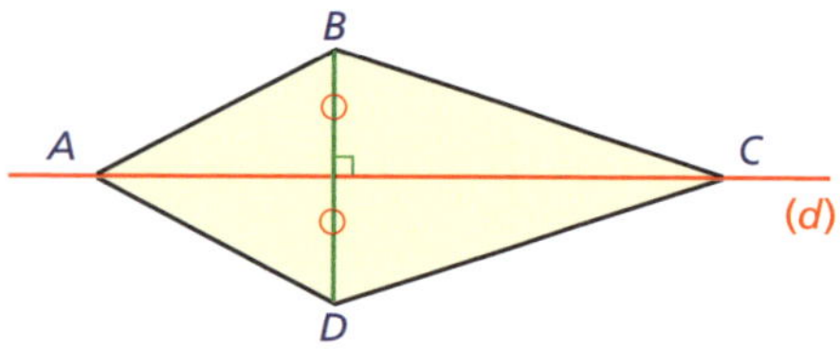

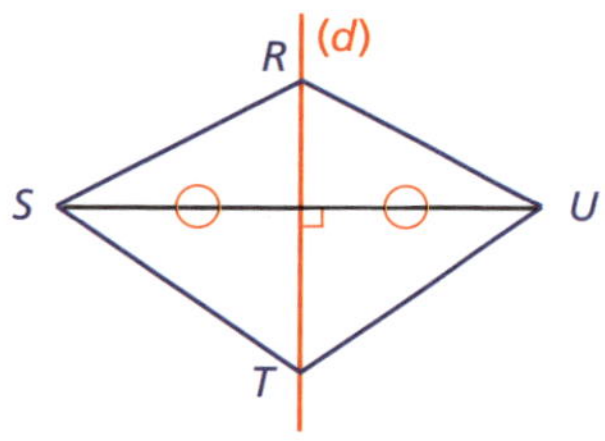

24. Propriétés de la symétrie (pp. 38-39)

1 a.

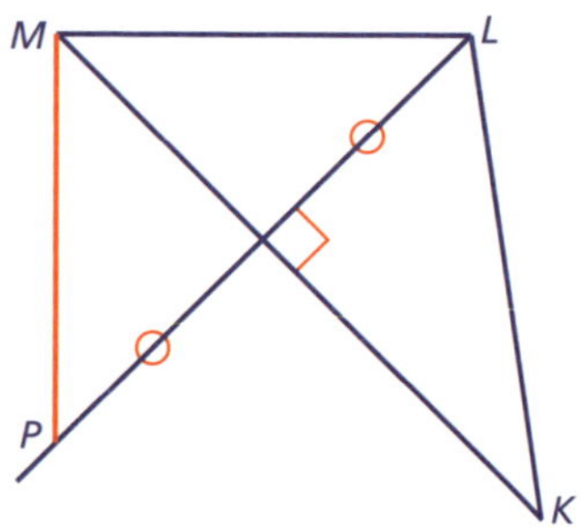

b. **Le symétrique de *MLK* est *MPK*.**

c. $\widehat{PMK}$ et $\widehat{KML}$ sont symétriques par rapport à (*MK*).
Si deux angles sont symétriques,
alors ils ont la même mesure.
On a **$\widehat{PMK} = \widehat{KML} = 45°$.**

2 [*PM*] et [*ML*] sont symétriques par rapport à (*MK*).
Si deux segments sont symétriques,
alors ils ont la même longueur.
On a donc ***PM* = *ML* = 3 cm.**

3 On a *MA* = *MB*.
Si un point est équidistant des **extrémités** d'un segment,
alors il est sur **la médiatrice** de ce segment.
Donc *M* est un **point de la médiatrice** de [*AB*].
De même, on a *NA* = *NB*, donc *N* est un **point de la médiatrice** de [*AB*].
On peut en conclure que (*d*) est **la médiatrice de [*AB*]**.

4 a.

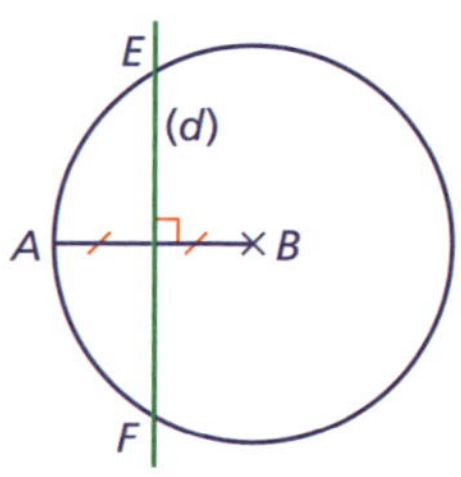

b. • (*d*) étant la médiatrice de [*AB*], les points *A* et *B* sont **symétriques par rapport à (*d*).**
E étant un point de (*d*), son symétrique par rapport à (*d*) est ***E***.
[*AE*] et [*BE*] sont symétriques par rapport à (*d*).
Si deux segments sont symétriques,
alors ils ont la même longueur.
On a donc *AE* = *BE*.
• *B* étant le centre du cercle passant par *A* et par *E*, on a ***BA* = *BE***.
On a donc ***AE* = *AB* = *BE***.
Par définition, **le triangle *ABE* est équilatéral.**

5 a.

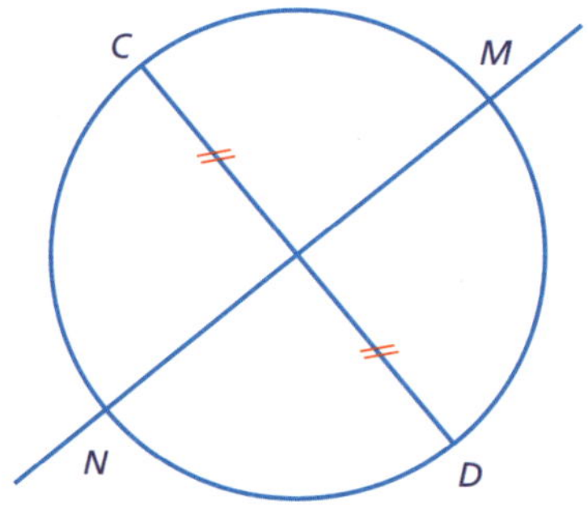

b. La droite (*d*) est la médiatrice de [*CD*].
c. *M* est un point de **la médiatrice** de [*CD*].
Si un point est sur **la médiatrice d'un segment,**
alors il est équidistant de ses extrémités.
M est donc équidistant de *C* et de *D*, c'est-à-dire qu'on a *MC* = *MD*.
d. (*CD*) passe par *O* le milieu de [*MN*] de façon perpendiculaire, donc (*CD*) **est la médiatrice de [*MN*]**.
e. *C* et *D* étant deux points de la médiatrice de [*MN*], on en déduit que ***CM* = *CN*** et que ***DM* = *DN***.
f. On a donc *CN* = *CM* = *DM* = *DN* : ***CMDN* est un losange.**

25. Triangles particuliers (p. 40)

1 a.

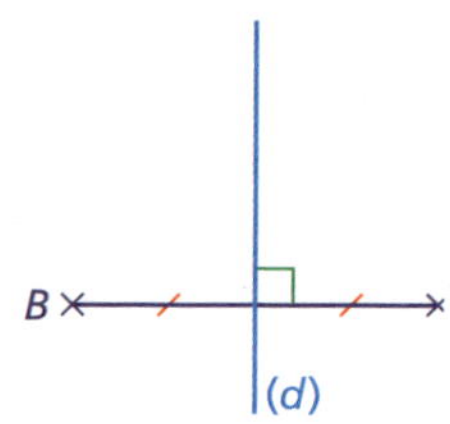

b. **Le symétrique de *A* par rapport à (*d*) est *A*.**
c. On a [*AB*] et [*AC*] symétriques par rapport à (*d*).
Or, **si deux segments sont symétriques,**
alors ils ont la même longueur.
On a bien *AB* = *AC*.
d. Comme *AB* = *AC*, ***ABC* est isocèle en *A*.**

2 a. **Les huit triangles sont *CDE*, *ADE*, *ADB*, *CDB*, *AEC*, *CBE*, *AEB* et *ABC*.**
b. ***CDE*, *ADE*, *ADB* et *CDB* sont rectangles en *D*.**
c. **Les triangles isocèles sont *ABC*, *AEC*, *AEB* et *CEB*.**

3 **Trace un triangle *ARC* isocèle en *R* avec *AC* = 1,5 cm et *CR* = 2,5 cm. Trace son axe de symétrie.**

26. Quadrilatères (p. 41)

1 **Les noms possibles sont *PALE*, *ALEP*, *LEPA*, *EPAL*, *PELA*, *ELAP*, *LAPE* et *APEL*.**

2 [*NI*] et [*RO*] sont les diagonales.
Un côté consécutif à [*RI*] est [*IO*] ou bien [*RN*].
[*RI*] et [*NO*] sont deux côtés opposés, ainsi que [*NR*] et [*IO*].
N, *R*, *I* et *O* sont les sommets du quadrilatère.

3 Trace un rectangle *MNOP* et ses diagonales sécantes en *Z*. Trace (d_1) la droite perpendiculaire à (*MO*) en *M*. Trace (d_2)

la droite passant par N et perpendiculaire à (d_1) en un point A. Trace (d_3) la droite passant par O et parallèle à (PN) ; elle coupe (d_2) en B. Place C sur (d_3) tel que O soit le milieu de $[BC]$. (PC) coupe (d_1) en D.

4 a. Comme D est sur la médiatrice de $[AC]$, on a $AD = DC$.
b. Ensemble, CD et AD mesurent :
15 cm – 3 cm – 5 cm, soit 7 cm.
On a donc CD = 7 cm ÷ 2 = **3,5 cm.**

27. Quadrilatères particuliers (p. 42)

1 a. **Il y a trois rectangles.**
b. **Il y a trois losanges.**
c. **Il y a deux carrés.**

2

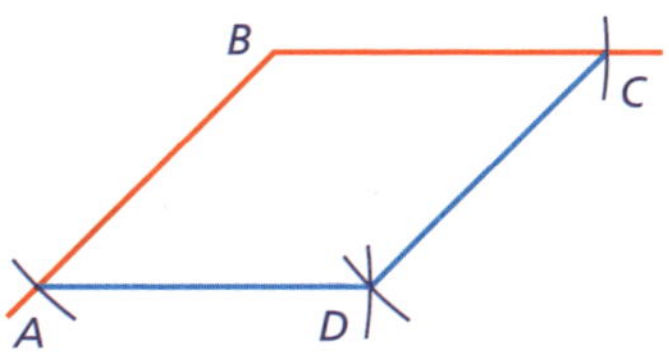

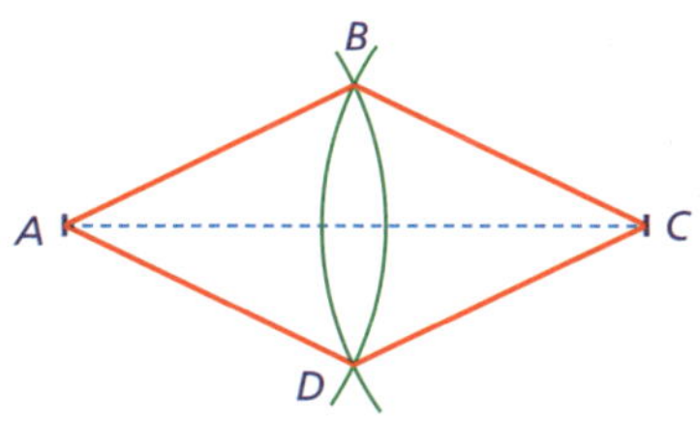

3 a.

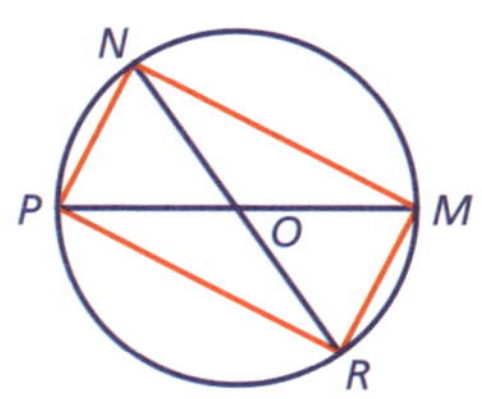

b. ***MNPR* est un rectangle.**

4 a. Le nombre de carrés est : **14** (9 + 4 + 1).
b. Le nombre de rectangles non carrés est : **22** (12 de 1 sur 2, 6 de 1 sur 3 et 4 de 2 sur 3).

28. Pavé droit (p. 43)

1 a. **La face *ADHE* est un rectangle.**
b. **Les droites (*EA*) et (*AD*) sont donc perpendiculaires.**
c. **Si deux droites sont parallèles à une même troisième droite,**
alors elles sont parallèles entre elles.

2 **Dans la colonne *X*, il y a 3 pavés.**
Il y a 11 pavés dans cet assemblage.

3

numéro du solide	*NS*	*NF*	*NA*	*NS* + *NF* – *NA*
(1)	8	6	12	2
(2)	4	4	6	2
(3)	6	5	9	2
(4)	8	6	12	2

29. Propriétés des quadrilatères particuliers (pp. 44-45)

1 a. On trace $[MO]$ de longueur 5 cm. On trace la droite (d) perpendiculaire à $[MO]$ en son milieu I. Sur (d), on place les points N et P à 2 cm de I. On trace $MNOP$.

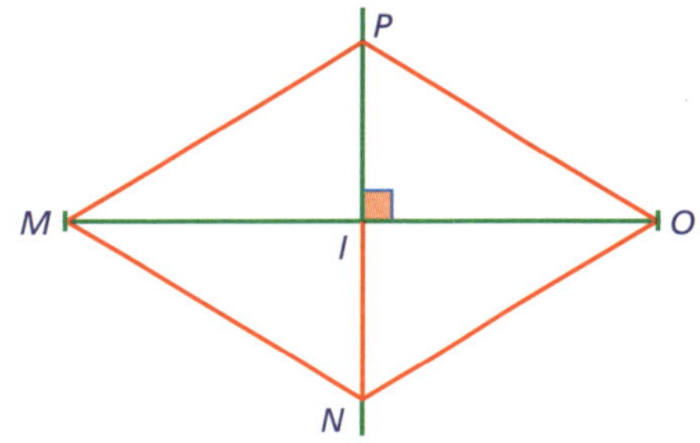

b. On a **MN = 2,9 cm** et le périmètre de $MNOP$ est $4 \times 2{,}9$ cm, soit **11,6 cm.**

2 a. et b.

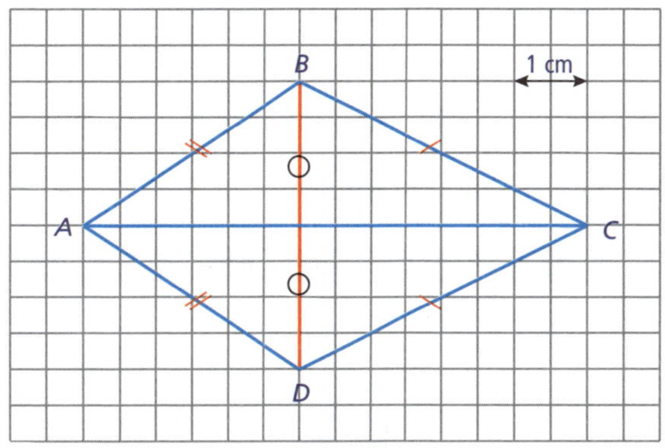

c. La droite (AC) est la médiatrice de $[BD]$.
d. Les angles $\widehat{ABC}$ et $\widehat{ADC}$ étant symétriques par rapport à la diagonale (AC), ils ont la même mesure.

3 a.

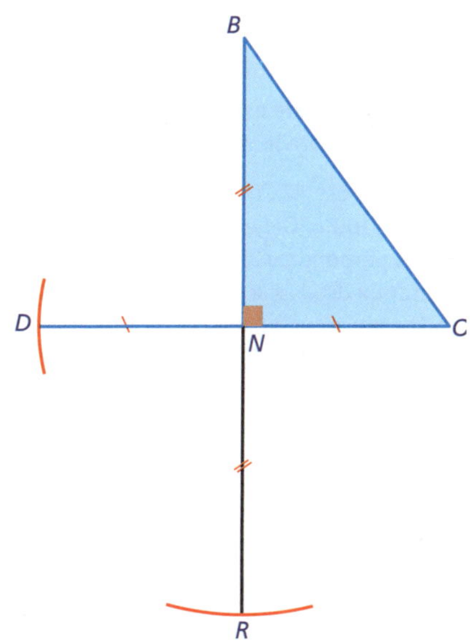

b. Par construction, les diagonales $[BR]$ et $[DO]$ ont **le même milieu.**
De plus, comme BON est rectangle en N, elles sont **perpendiculaires.**
c. On en déduit que le quadrilatère $BORD$ **est un losange.**

4 (d) est la médiatrice d'un côté d'un rectangle ; (d) est donc un **axe de symétrie.**
Les points R et S **sont symétriques** par rapport à (d), ainsi que les points T et U.
Les segments $[RT]$ et $[SU]$ sont symétriques par rapport à la **droite (d).**

Or, si deux segments sont symétriques, alors **ils ont la même longueur**.
Les diagonales [*RT*] et [*SU*] ont donc **la même longueur** :
$RT = SU$.

5 a. On trace [*AB*] de longueur 4 cm et un arc de cercle de centre *A* et de rayon 5 cm. La droite perpendiculaire à (*AB*) en *B* coupe cet arc de cercle en *C*. On termine la construction en faisant deux angles droits en *A* et en *C*.
Par mesure, on a *BC* = 3 cm et **le périmètre est**
4 cm + 3 cm + 4 cm + 3 cm, soit **14 cm.**

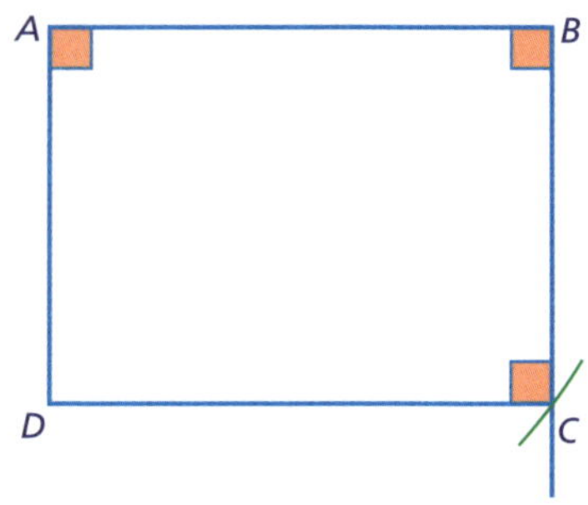

b. [*AC*] et [*BD*] sont les deux diagonales d'un rectangle qui ont donc la même longueur.
On a donc ***BD* = *AC* = 5 cm.**

30. Patron – Perspective (pp. 46-47)

1 La figure n'est pas à l'échelle.

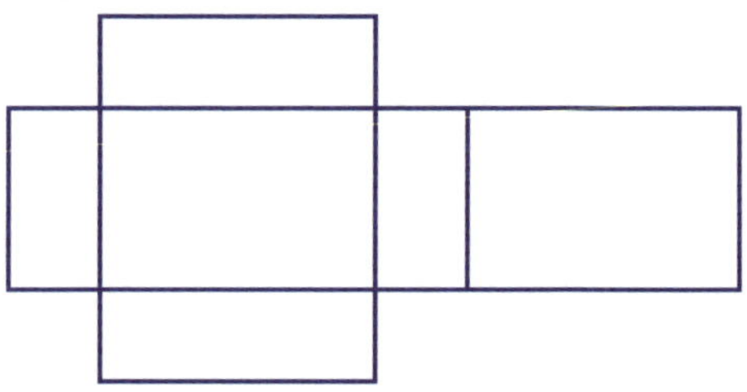

2 a. **Il manque un carré.**
b. **Le rectangle de gauche est trop grand.**
c. **La disposition ne convient pas.**

3 a. Une face visible est ***ABCD*** (ou *ABFE* et *AEHD*) et une face cachée est ***BCGF*** (ou *EFGH* et *DCGH*).
b. Deux droites perpendiculaires en réalité et sur la figure sont **(*AE*) et (*AD*)** (deux droites sécantes des faces *ADHE* et *BCGF*).
c. Deux droites perpendiculaires en réalité mais pas sur la figure sont par exemple **(*AE*) et (*AB*)** (deux droites sécantes qui ne sont pas dans les faces *ADHE* et *BCGF*).

4 a. On a : $a = 9$ et $a' = 3$.
b. On a : $f = 3$ et $f' = 3$.
c. On a : $s = 7$ et $s' = 1$.

5 a.

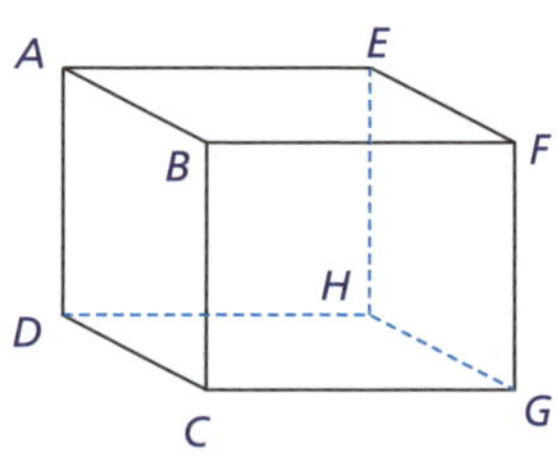

b.

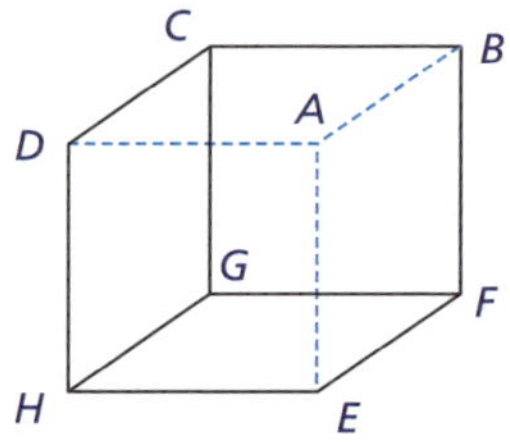

6

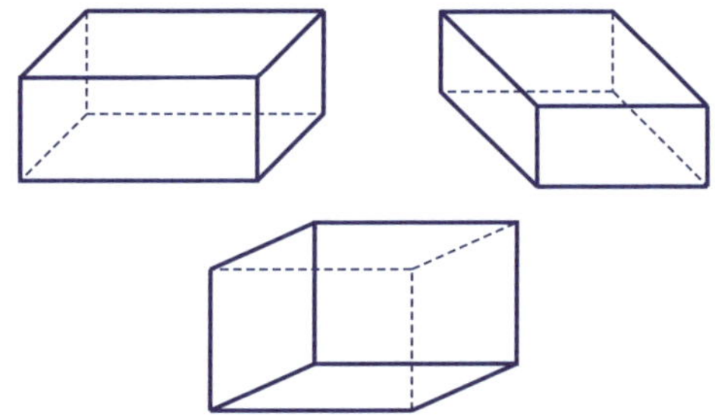

7 a. **Le B opposé au E, le L au U et le « + » au « = ».**
b.

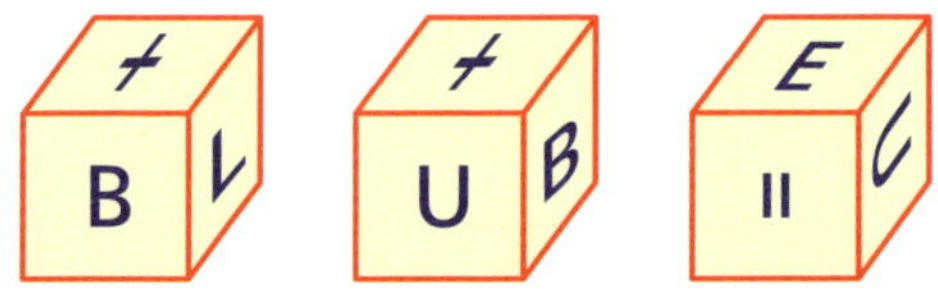

Quiz Bilan (pp. 48 à 50)

1 D	6 C	11 D	16 D	21 A	26 C
2 C	7 C	12 C	17 A	22 D	27 D
3 D	8 C	13 C	18 B	23 C	28 A
4 B	9 A	14 D	19 D	24 C	29 B
5 D	10 A	15 A	20 C	25 C	30 C

31. Longueurs (p. 51)

1 a. La longueur de [*AB*] est **9 unités.**
b. La longueur de [*AB*] est **4,5 unités.**

2 a. **Le périmètre de *ABC* est *AB* + *BC* + *CA*,** soit
3 cm + 4 cm + 5 cm, donc **12 cm.**
b. **Le périmètre de *ABCD* est (*AB* + *BC*) × 2,** soit
(3 cm + 4 cm) × 2, donc **14 cm.**

3 **Le périmètre du cercle est** $\pi \times 5$ cm, soit environ **15,7 cm.**

4 a. D'après le codage, ***BC* = *AB* = 2 cm.**
b. ***CD* = *AD* – *AB* – *BC*** = 7 cm – 2 cm – 2 cm = **3 cm.**

5 La figure est constituée du segment [*OE*], du segment [*OZ*] et du quart de cercle de centre *O*.
Son périmètre est :
2,6 cm + 2,6 cm + 2 × π × 2,6 cm ÷ 4, soit environ **9,3 cm.**

32. Conversion de longueurs (p. 52)

1 a. 1 432 cm = **143,2 dm** ; b. 1,7 m = **0,001 7 km** ;
c. 43 200 mm = **0,043 2 km** ; d. 0,025 hm = **250 cm.**

2 a. 47,5 km = **47 500 m** ; b. 34,01 hm = **340,1 dam** ;
c. 10 000 mm = **10 m** ; d. 0,5 hm = **0,05 km** ;
e. 23,56 dam = **235,6 m** ; f. 0,172 8 km = **17,28 dam.**

3 a. a = 4,563 m ; b = 4,6 m ; c = 4,5 m ;
d = 4,58 m ; e = 4,63 m ; f = 4,56 m.
b. **4,63 m > 4,6 m > 4,58 m > 4,563 m > 4,56 m > 4,5 m.**

4 a. 3 000 m + 2 500 m + 40 m = **5 540 m.**
b. 400 m + 160 m + 0,3 m = **560,3 m.**

5 a. 0,16 m = 16 cm et 16 cm ÷ 4 = 4 cm.
Chaque côté du carré mesure 4 cm.

b. 0,16 m = 16 cm et 60 mm = 6 cm.
Les deux largeurs ensemble mesurent :
16 cm – 6 cm – 6 cm, soit 4 cm.
Chacune mesure 2 cm.

6 300 mm = 30 cm = 0,03 dam = 3 dm.
Les trois côtés ont la même longueur, donc **le triangle est équilatéral.**

33. Angles (p. 53)

1

numéro de l'angle	nom de l'angle	nature de l'angle
①	$\widehat{uOz}$	**aigu**
②	$\widehat{vOz}$	**obtus**
③	$\widehat{ABC}$	**droit**
④	$\widehat{ACD}$	**aigu**

2 a. $\widehat{xOY} = \widehat{xOt} \div 3 = 135° \div 3 =$ **45°**.
b. $\widehat{xOz} = \widehat{xOy} \times 2 = 45° \times 2 =$ **90° ; il est droit.**

3 **$\widehat{uOz}$ = 38° ; $\widehat{vOz}$ = 142° ; $\widehat{ABC}$ = 90° ; $\widehat{ACD}$ = 63°.**

4 a. **$\widehat{BAC}$ = 120° ; $\widehat{ABC}$ = 30° ; $\widehat{ACB}$ = 30°.**
b. **La somme est** 120° + 30° + 30°, **soit 180°.**
c. On a **$\widehat{ABC} = \widehat{ACB}$.**

5 $\widehat{BAC}$ est droit, donc $\widehat{BAC}$ = 90°.
$\widehat{DAB} = \widehat{BAC} - \widehat{CAD} = 90° - 32° =$ **58°.**

34. Construction d'angles (p. 54)

1 a. et b.

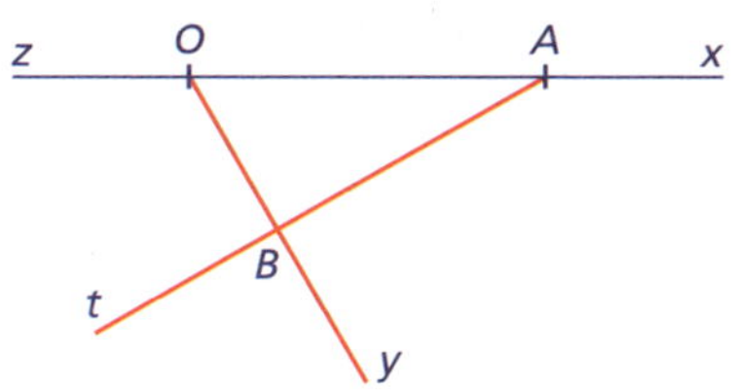

2 a., b. et c.

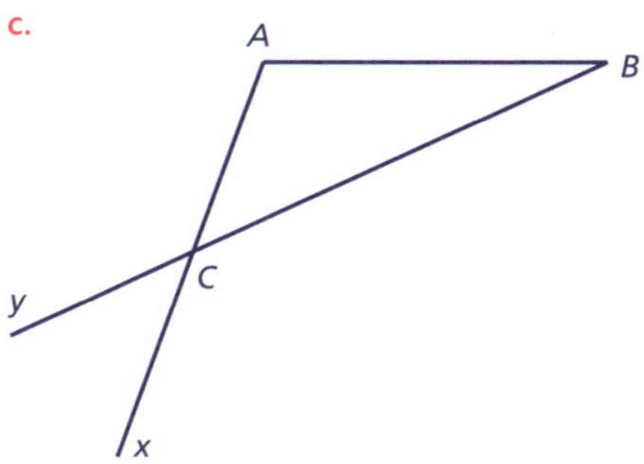

d. **$\widehat{ACB}$ mesure 45°.**

3 a., b., c. et d.

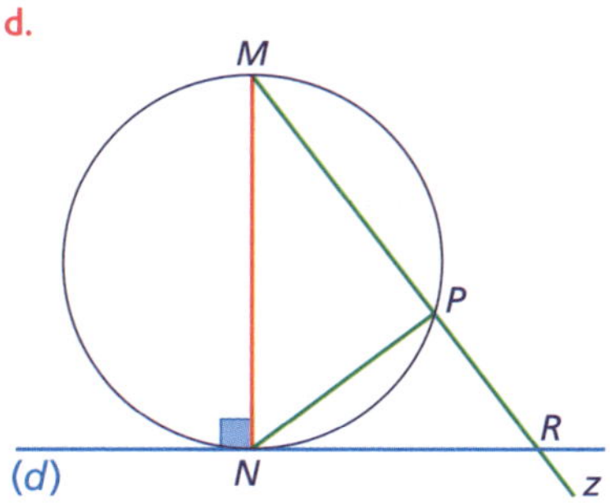

e. **$\widehat{PNR}$ mesure 37°.**

4 a.

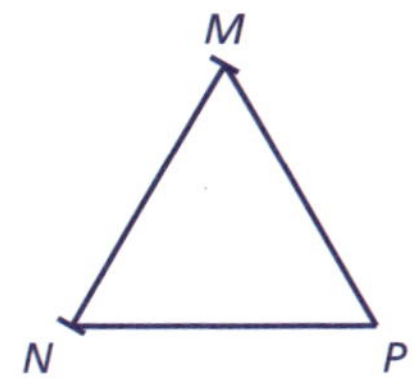

b. On a $MN = NP = PM$ = 2 cm, donc **MNP est équilatéral.**

35. Durées (p. 55)

1 a. 2 h = 2 × 60 min = **120 min.**
b. 720 s = 12 × 60 s = **12 min.**
c. 15 min = 15 × 60 s = **900 s.**
d. 3 h = 3 × 3 600 s = **10 800 s.**

2 a. 3 h 20 min = 3 × 60 min + 20 min = **200 min.**
b. 153 min = 2 × 60 min + 33 min = **2 h 33 min.**
c. 2,5 h = 2,5 × 60 min = **150 min.**
d. 2 h 3 min 17 s = 2 × 3 600 s + 3 × 60 s + 17 s
= **7 397 s.**
e. 5 445 s = 3 600 s + 30 × 60 s + 45 s
= **1 h 30 min 45 s.**

3 a. 4 min 30 s = 4 × 60 s + 30 s = **270 s.**
b. 14 h = 14 × 3 600 s = **50 400 s.**
c. 50 400 ÷ 270 =186,6 ;
la machine fabrique 186 objets par jour.

4 a.
  4 h 37 min 26 s
+ 5 h 45 min 17 s
  9 h 82 min 43 s

La somme est 10 h 22 min 43 s.

b.
  6 h 28 min 52 s
+ 58 h 33 min 25 s
  14 h 61 min 77 s

La somme est 15 h 2 min 17 s.

36. Masse (p. 56)

1 a. 41,5 kg = **41 500 g** ; b. 64,01 hg = **640,1 dag** ;
c. 10 000 mg = **0,01 kg** ; d. 0,7 hg = **0,07 kg** ;
e. 83,56 dag = **835,6 g** ; f. 0,172 8 kg = **17,28 dag.**

2 a. 5 kg + 27 hg + 50 g = 5 000 g + 2 700 g + 50 g
= **7 750 g.**
b. 3 hg +16 dag + 300 dg = 300 g + 160 g + 30 g
= **490 g.**

3 26 000 g = 26 kg ; 258 hg = 25,8 kg ; 24 000 000 mg = 24 kg ;
2 579,9 dag = 25,799 kg.
On a **26 000 g > 258 hg > 2 579,9 dag > 25 kg > 24 000 000 mg.**

4

achat	masse	prix	prix au kilogramme
beurre	250 g	1,17 €	**4,68 €**
chocolat	300 g	2,10 €	**7 €**
viande	750 g	6,45 €	**8,60 €**
pommes	1,2 kg	3,60 €	**3 €**
carottes	2 kg	2,60 €	**1,30 €**

5 On a 0,68 ÷ 15 = 0,045 3... et 1,15 ÷ 25 = 0,046.
Les quotients n'étant pas égaux, le prix n'est pas proportionnel à la masse de la lettre.

37. Aires (p. 57)

1 a. 47,5 km² = **47 500 000 m²** ;
b. 34,01 hm² = **3 401 dam²** ; c. 10 000 mm² = **0,01 m²** ;
d. 0,5 ha = **0,005 km²** ; e. 150 000 000 cm² = **0,015 km²** ;
f. 2 640 dm² = **0,264 a**.

2 a. 3 km² + 2 ha + 40 a + 7m²
= 3 000 000 m² + 20 000 m² + 4 000 m² + 7 m²
= **3 024 007 m²**.
b. 4 hm² + 6 dam² + 130 dm²
= 40 000 m² + 600 m² + 1,3 m² = **40 601,3 m²**.

3 L'aire de ABC est 1,8 cm × 2,4 cm ÷ 2, soit **2,16 cm²**.
L'aire de ACD est 3 cm × 5 cm ÷ 2, soit **7,5 cm²**.

4 Soit L la longueur : on a $L \times 4 = 22$,
soit $L = 22 \div 4$. **La longueur est 5,5 cm.**

5 On a 0,4 dm = 4 cm.
Son périmètre est (4 cm + 3 cm) × 2, soit **14 cm**.
Son aire est 4 cm × 3 cm, soit **12 cm²**.

6 a. **Le troisième côté mesure :**
12 cm – 3 cm – 5 cm, soit **4 cm**.
b.

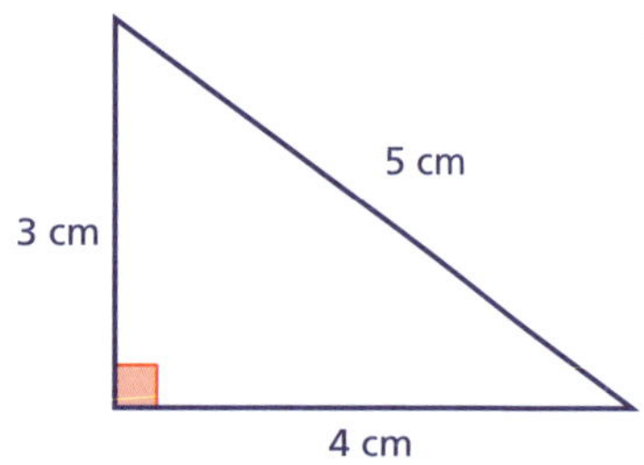

c. **L'aire du triangle est 3 cm × 4 cm ÷ 2, soit 6 cm².**

38. Calculs d'aire (pp. 58-59)

1 a. $BCDF$ **est un rectangle**, donc son aire est
$FD \times CD$ = 3,5 cm × 3 cm = **10,5 cm²**.
ABF est un triangle rectangle, donc son aire est
$AF \times BF \div 2$, soit 1 cm × 3 cm ÷ 2, soit **1,5 cm²**.
On en déduit que l'aire de $ABCD$ est
10,5 cm² + 1,5 cm² = **12 cm²**.
b. $AECD$ **est un rectangle**, donc son aire est
$AD \times CD$ = 4,5 cm × 3 cm = **13,5 cm²**.
ABE **est un triangle rectangle**, donc son aire est
$AE \times BE \div 2$, soit 3 cm × 1 cm ÷ 2, soit **1,5 cm²**.
On en déduit que l'aire de $ABCD$ est
13,5 cm² – 1,5 cm² = **12 cm²**.

2 a. **L'aire de la figure au bord vert est 12 carrés.**
b. **L'aire de la figure au bord rouge est 24 carrés.**
c. **12 < aire de la figure bleue < 24.**

3 L'aire de $ACGE$ est 6 cm × 4 cm, soit 24 cm².
L'aire de ABD est 2 cm × 3 cm ÷ 2, soit 3 cm².
L'aire de DEF est 1 cm × 4 cm ÷ 2, soit 2 cm².
L'aire de BCG est 4 cm × 4 cm ÷ 2, soit 8 cm².
L'aire de $BDFG$ est (24 – 3 – 2 – 8) cm², soit 11 cm².

4 En déplaçant le triangle MPR à droite de la figure, on obtient un rectangle dont l'aire est 3 × 2, soit 6 en carrés.
L'aire de $MNOP$ est 6 carrés.

5 L'aire totale de la figure est celle d'un rectangle de 40 m sur 50 m ; elle vaut 40 m × 50 m, soit 2 000 m².
Réunis ensemble, les deux triangles bleus peuvent former un carré de 40 m de côté dont l'aire est 40 m × 40 m, soit 1 600 m².
L'aire de la partie jaune vaut donc 2 000 m² – 1 600 m², soit **400 m²**.

6 La figure est constituée d'un carré $ABCD$ de côté 2 cm et de deux demi-disques de rayon 2 cm ÷ 2, soit 1 cm.
L'aire du carré est 2 cm × 2 cm, soit 4 cm².
L'aire des deux demi-disques est égale à celle d'un disque de 1 cm de rayon, soit π × 1 cm × 1 cm, c'est-à-dire π cm².
L'aire de la figure est (4 + π) cm².

39. Volumes (pp. 60-61)

1 a. 2,3 cm³ = **2 300 mm³** ; b. 41 700 cm³ = **41,7 dm³** ;
c. 1 500 cL = **0,15 hL** ; d. 41,5 dL = **0,415 daL** ;
e. 3 500 mm³ = **0,003 5 L** ; f. 3,57 hL = **357 dm³**.

2 On a pour le jus d'orange 30 cl = 0,3 L,
pour le jus de banane 0,60 dm³ = 0,6 L
et pour l'eau 1 250 cm³ = 1,25 L. 0,3 + 0,6 + 1,25 = 2,15.
Yves a préparé **2,15 L** de boisson.

3 a. Une piscine de **100 m³**. b. Un verre de **18 cL**.
c. Une goutte d'eau de **4 ml**.
d. Un seau de **8 L**. e. Une baignoire de **0,2 m³**.
f. Une casserole de **15 dL**.

4 a. **Le volume de la piscine est** 15 × 8 × 2, soit **240 m³ ou encore 240 000 L.**
9 × 240 000 ÷ 10 = 216 000 : **il faut 216 000 L d'eau.**
b. 216 000 ÷ 200 = 1 080 : **le remplissage dure** 1 080 minutes, soit **18 heures.**

5 a. Un petit cube a pour volume 4 × 4 × 4, soit 64 cm³.
Le cube a pour volume 64 cm³ × 27, soit 1 728 cm³.
b. Dans un cube, il y a 12 arêtes ; chacune mesure 120 cm ÷ 12, soit 10 cm.
Le volume est 10 × 10 × 10, soit 1 000 cm³.
c. Chaque face fait 96 cm² ÷ 6, soit 16 cm² et le côté mesure 4 cm, car 4 × 4 = 16.
Le volume est 4 × 4 × 4, soit 64 cm³.

6 a. Comme 8 = 4 × 2, en versant 8 litres, le niveau monte de 6 cm × 2, soit **12 cm**.
b. Comme 6 = 4 × 1,5, en versant 8 litres, le niveau monte de 6 cm × 1,5, soit **9 cm**.
c. Comme 15 = 6 + 9, pour que le niveau monte de 15 cm, il faut verser 4 L + 6 L, soit **10 L**.

7 Soit h la hauteur ; on veut $15 \times 8 \times h = 960$,
soit $h = 960 \div 120 = 8$.
La hauteur est de 8 cm.

8 À chaque trajet, Maurice apporte 2 arrosoirs de 10 L, soit 20 L.
1 m³ = 1 000 L et 1 000 ÷ 20 = 50. Maurice devra faire **50 trajets pour remplir la cuve.**

Quiz Bilan (pp. 62 et 63)

1 D	6 C	11 C	16 A
2 A	7 D	12 C	17 B
3 C	8 C	13 D	18 B
4 B	9 D	14 B	19 C
5 D	10 D	15 D	20 B

20 Droites et théorèmes

On a les trois théorèmes suivants :

→ Si deux droites sont perpendiculaires à une même troisième droite, alors elles sont **parallèles** entre elles.

→ Si deux droites sont parallèles à une même troisième droite, alors elles sont **parallèles** entre elles.

→ Si deux droites sont parallèles et si une troisième droite est perpendiculaire à l'une d'elles, alors cette troisième droite est **perpendiculaire** à l'autre.

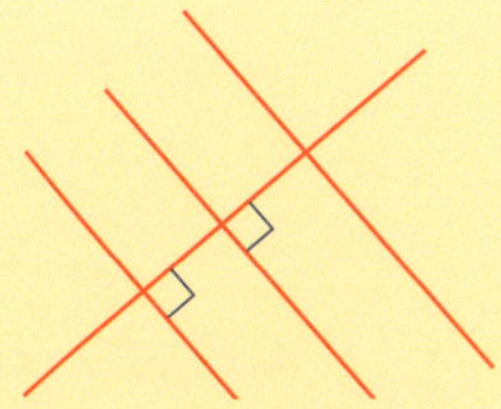

1 On donne la figure ci-contre. Complète la démonstration.

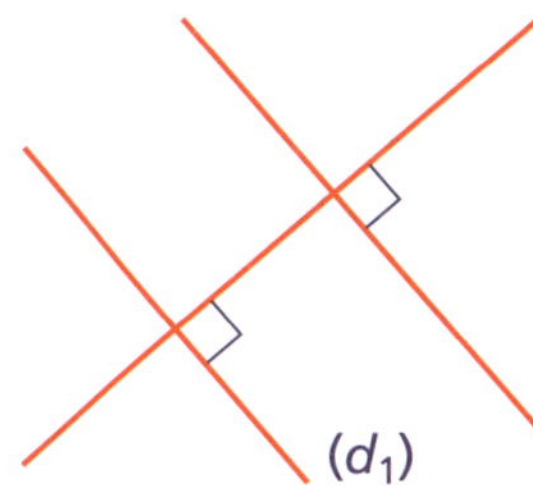

① On sait que (d_1) et (d_3) sont .... et que (d_2) et .... sont perpendiculaires.

② Si deux droites sont perpendiculaires...

alors elles sont ....

③ **On a donc ..... et ...... parallèles.**

2 En t'inspirant de l'exercice 1, démontre que (*CA*) et (*DE*) sont parallèles.

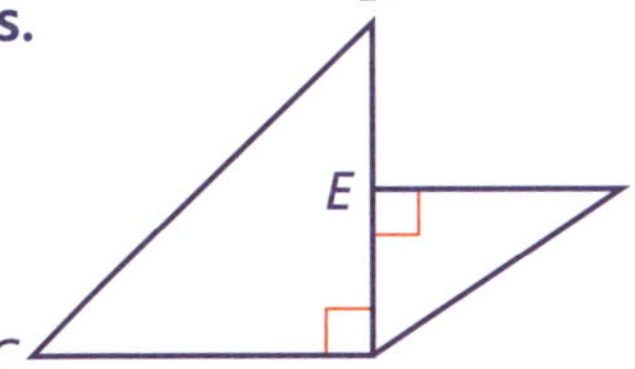

• On sait que (*ED*) et .... et que (*CA*) et ....

• Si deux droites sont perpendiculaires .... ,

alors elles sont ....

• **On a donc .... et .... parallèles.**

3 En t'aidant des informations de la figure, résous le problème.

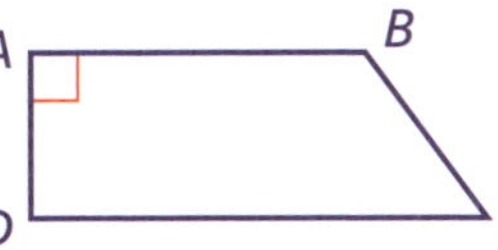

(*AB*) et (*CD*) sont parallèles.

a. Quelles sont les deux informations données ?

» ....

....

b. Que peut-on en conclure ?

» ....

....

La conclusion doit être différente des informations données.

c. Quel théorème permet de prouver ce résultat ?

» ....

....

....

4 Soit (*AB*), (*CD*) et (*EF*) trois droites, avec (*AB*) parallèle à (*EF*) et (*CD*) parallèle à (*EF*).

Que permet de prouver le deuxième théorème avec ces données ?

» ....

....

Corrigés → livret, p. 10

21 Triangles et cercles

→ *ABC* est un triangle.
A, *B* et *C* sont les sommets.
[*AB*], [*BC*] et [*CA*] sont les côtés.

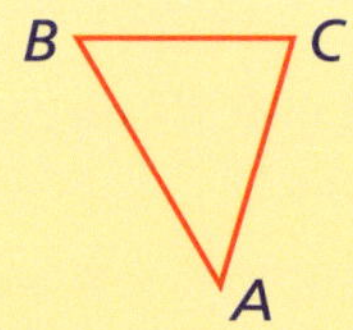

→ *O* est le centre du cercle.
[*OF*] est un rayon du cercle.
[*MN*] est un diamètre du cercle.
[*DE*] est une corde du cercle.

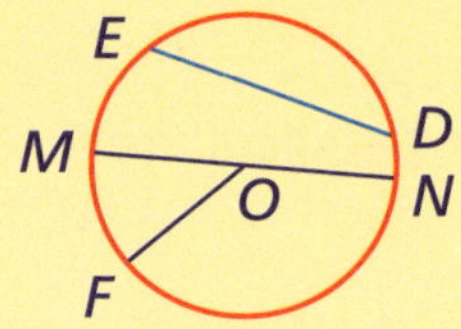

1 Donne les noms des triangles.

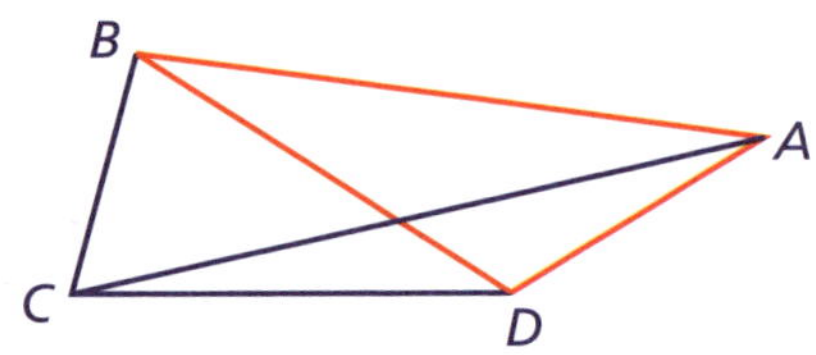

a. Nomme le triangle dont les trois côtés sont rouges.

» ....

b. Nomme les triangles dont les sommets sont *A*, *B*, *C* ou *D*.

» ....

....

2 Étudie la nature des triangles.

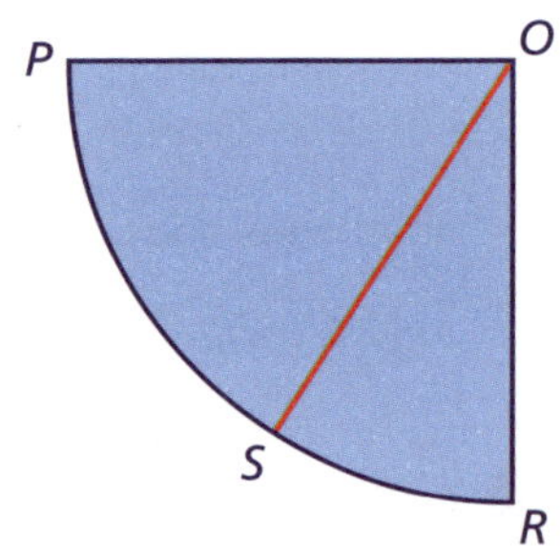

[*OP*] et [*OR*] sont les deux côtés du quart de disque et *S* est un point du quart de cercle tel que *PS* = *OR*.

a. Quelle est la nature du triangle *OPR* ?

» ....

b. Comment se nomme un triangle qui a trois côtés de la même longueur ?

» ....

c. Justifie la nature du triangle *OPS*.

» ....

3 Réalise la figure et complète le texte qui suit.

a. Trace un cercle de centre *E* et de rayon 2 cm.
Place sur le cercle un point *F*.
Trace la droite (*EF*) qui recoupe le cercle en un point *M*.
Place un point *D* sur le cercle tel que *FD* = 3 cm.
Trace le segment [*MN*].

b. Dans ce cercle, il y a un diamètre qui est ....

Les rayons dessinés sont ....

Les .... cordes dessinées de ce cercle sont aussi les trois ....

du triangle *EDF*, c'est-à-dire les segments ....

Conseil
Pour placer le point *D*, trace un arc de cercle de centre *F* et de rayon 3 cm.

4 ★★ **Décris les figures réalisées par Pierre.**

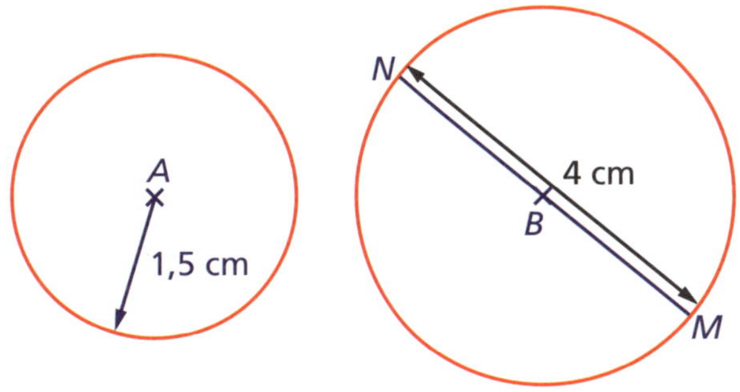

5 ★★ **Résous le problème.**

a. Trace un cercle de centre *O* et de diamètre [*ST*]. Trace une corde [*EF*] de ce cercle ne passant pas par *O*.

b. Que représentent [*OE*] et [*OF*] pour le cercle ?

c. Qu'en déduis-tu pour le triangle *OEF* ?

> **À savoir**
> Un triangle qui a deux côtés de la même longueur est dit isocèle.

d. Avec les points de la figure, nomme tous les triangles isocèles en *O*.

6 ★★ **Réalise ce problème de partage du plan.**

a. Trace un cercle de centre *A* et de rayon 3 cm.

b. Sur la figure, place des points *B*, *C* et *D* tels que :
AB = 3 cm ; *AC* = 4 cm et *AD* = 2,3 cm.

c. Colorie en rouge l'ensemble des points situés à plus de 3 cm de *A*.

d. Colorie en vert l'ensemble des points situés à moins de 3 cm de *A*.

7 ★★★ **Détermine les triangles isocèles de périmètre 15 cm dont un côté mesure 6 cm. Illustre des triangles par des schémas faits à main levée.**

a. Détermine les dimensions d'un triangle en expliquant tes calculs.

b. Trouve un triangle différent avec les mêmes conditions.

Corrigés → livret, p. 10

22 Médiatrice – Symétrique

→ Soit [AB] un segment ; on appelle **médiatrice** de [AB] la droite passant par le milieu de [AB] et perpendiculaire à (AB).

→ Soit (d) une droite et M un point n'appartenant pas à (d). On appelle **symétrique de M par rapport à (d)**, le point M′ tel que (d) soit la médiatrice de [MM′].

Ex. : (d) est la médiatrice de [AB] et B est le symétrique de A par rapport à (d).

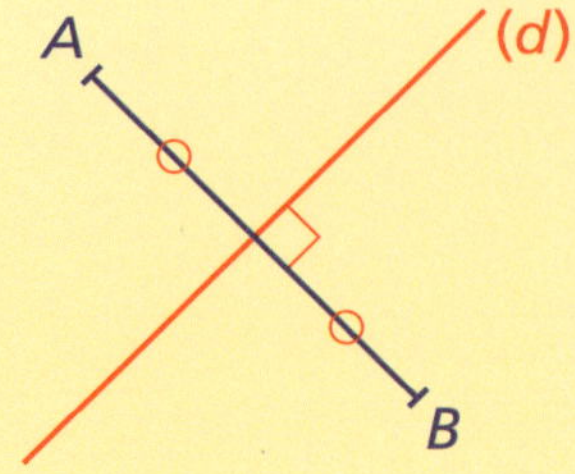

1 **À l'aide d'une règle et d'une équerre, construis pour chaque segment [AB] sa médiatrice.**

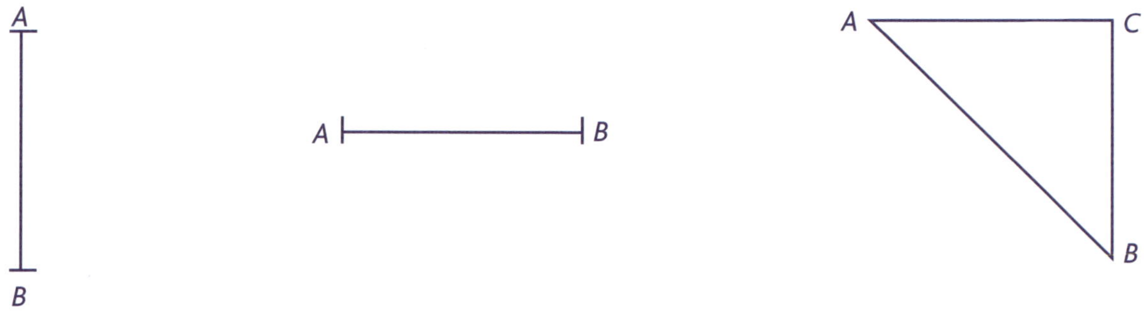

2 **À l'aide des outils de géométrie, construis les symétriques A′, B′ et C′ de A, de B et de C par rapport à la droite (d).**

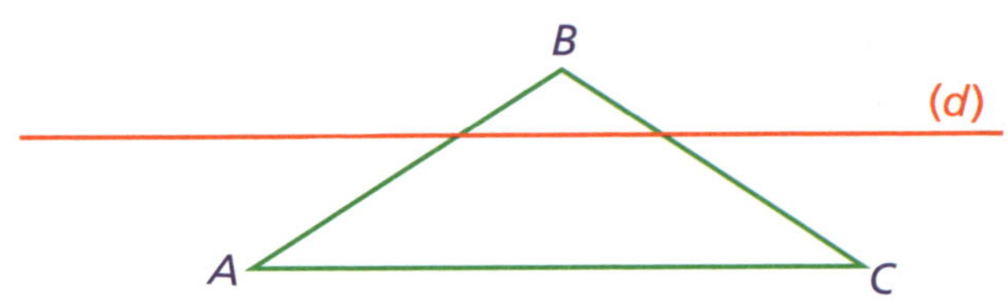

3 **À l'aide du quadrillage, construis les symétriques A′, B′ et C′ de A, de B et de C par rapport à la droite (d).**

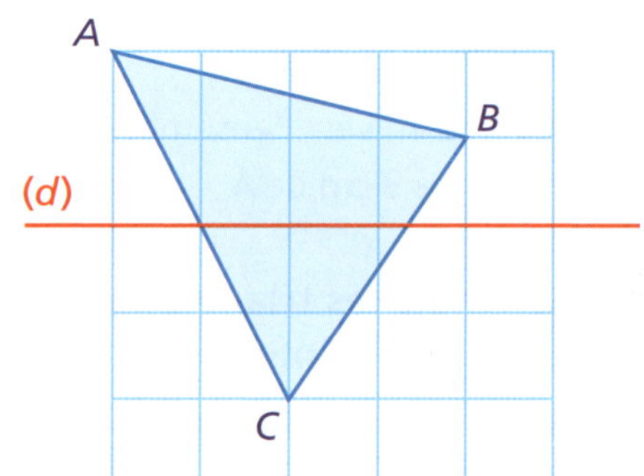

4 **Construis la médiatrice de chaque segment [MN] à l'aide du compas.**

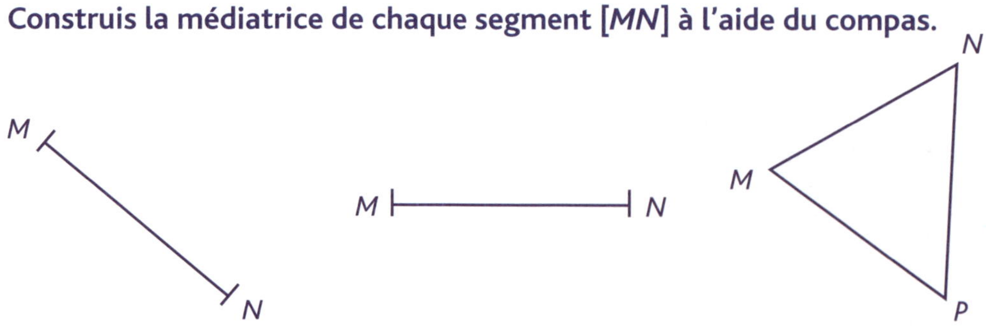

Conseil
Aide-toi de la méthode donnée page 64.

Corrigés → livret, p. 11

23 Axe de symétrie

→ On dit que (*d*) est un **axe de symétrie** d'une figure, si cette figure est confondue avec son symétrique par rapport à la droite (*d*).
Ex. : (*d*) est l'axe de symétrie de la figure *ABCDE*.

→ On appelle **bissectrice d'un angle** son axe de symétrie.
Elle partage l'angle en deux parties de même mesure.
Ex. : sur la figure ci-contre, (*d*) est la bissectrice de $\widehat{BAE}$.

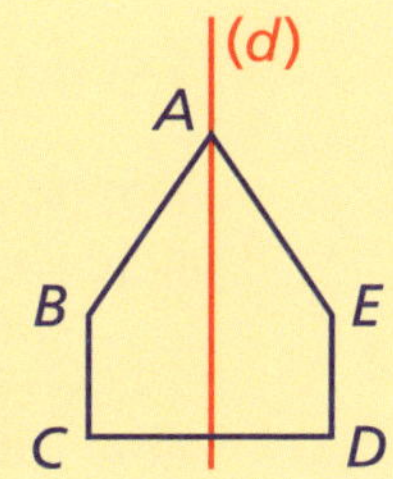

1 Pour chacune des cinq figures, trace en vert son (ou ses) axe(s) de symétrie.

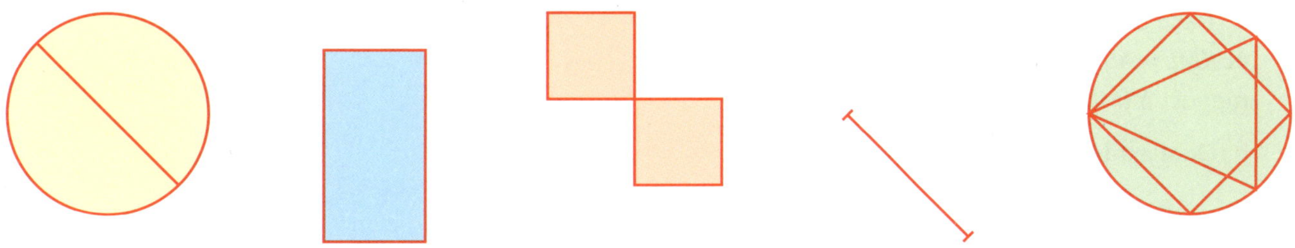

2 Complète la figure pour que (*d*) soit un axe de symétrie

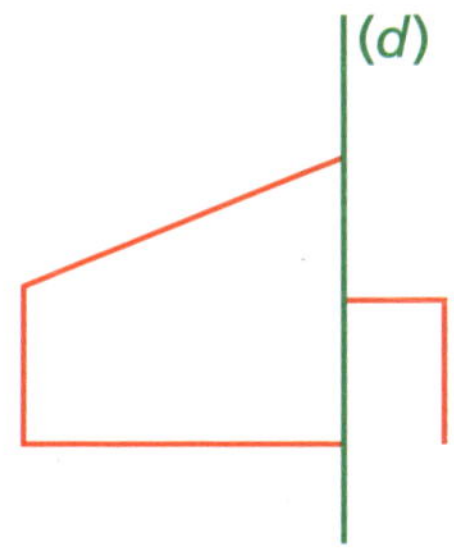

3 Trace les trois bissectrices du triangle.

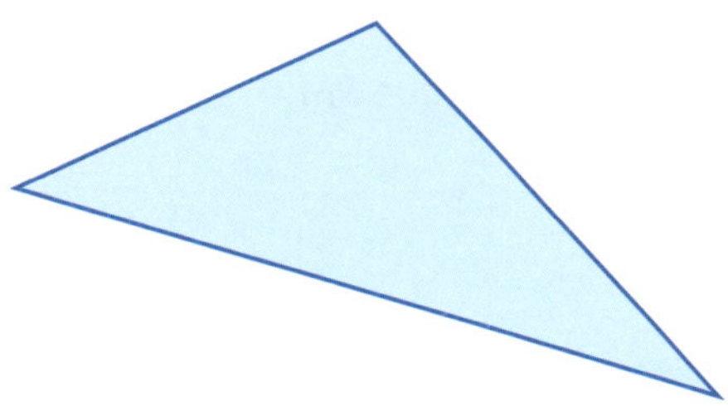

Conseil
Aide-toi de la méthode donnée en fin d'ouvrage sur la page de couverture.

4 Complète les deux cerfs-volants d'axe de symétrie (*d*).

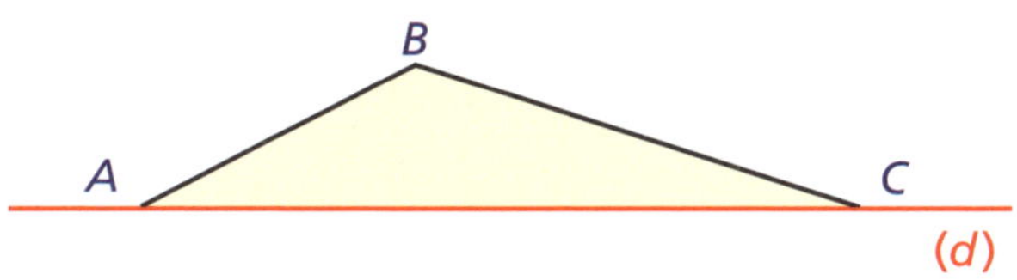

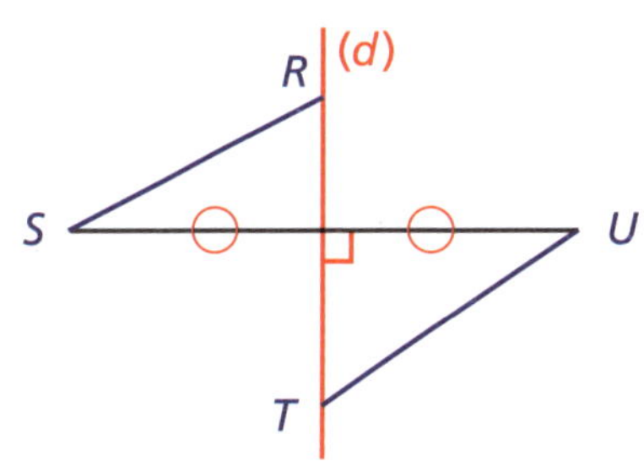

Corrigés → livret, p. 11

24 Propriétés de la symétrie

→ Si deux segments sont symétriques, alors ils ont la **même longueur**.

→ Si deux angles sont symétriques, alors ils ont la **même mesure**.

→ Si un point est sur la médiatrice d'un segment, alors il est **équidistant des extrémités** du segment.

→ Si un point est équidistant des extrémités d'un segment, alors il **appartient à la médiatrice** de ce segment.

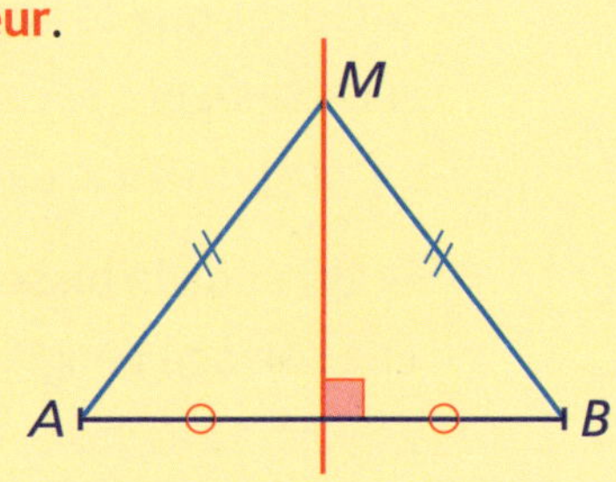

1 Utilise une propriété de la symétrie.

a. Trace un triangle *MLK* avec *ML* = 3 cm, *MK* = 5 cm et $\widehat{KML}$ = 45°. Construis *P* le symétrique de *L* par rapport à (*MK*).

× M

b. Quel est le symétrique du triangle *MLK* ?

» ....

c. Complète cette démonstration qui permet de prouver que $\widehat{PMK}$ mesure 45°

» ....

» .... et .... sont symétriques par rapport à (*MK*).

Si deux angles sont symétriques,

alors ....

On a $\widehat{PMK} = \widehat{KML}$ = ...

2 Complète la démonstration ci-dessous.

Avec la figure de l'exercice 1, on veut montrer que *PM* = 3 cm.

» [*PM*] et [......] sont ....

Si ....

alors ....

Donc..

Conseil
Inspire-toi de la rédaction de la question c. de l'exercice 1.

3 Raisonne sur cette figure.

» On a *MA* = ...

Si un point est équidistant des .... d'un segment,

alors il est sur .... de ce segment.

Donc *M* est un .... de [*AB*].

De même, on a .... = ..., donc *N* est un ....de [*AB*].

On peut en conclure que (*d*) est ....

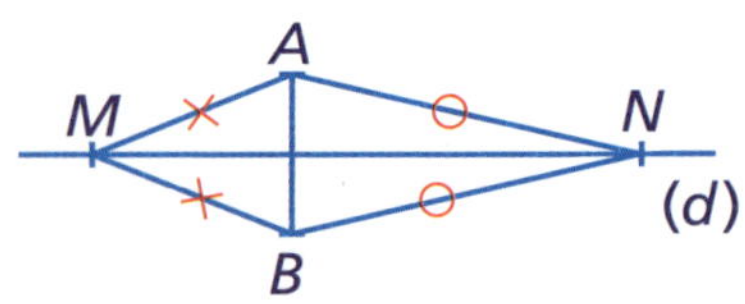

4 Prouve que *ABE* est équilatéral.

Soit (*d*) la médiatrice d'un segment [*AB*].
Le cercle ($\mathscr{C}$) de centre *B* et de rayon *BA* coupe la droite (*d*) en *E* et en *F*.

a. Réalise une figure.

b. Complète la démonstration suivante :

• (*d*) étant la médiatrice de [*AB*], les points *A* et *B* sont ....

E étant un point de (*d*), son symétrique par rapport à (*d*) est ....

[*AE*] et [..........................] sont symétriques par rapport à (*d*).

Si .... ,

alors ....

On a donc **AE** = ...

• *B* étant le centre du cercle passant par *A* et par *E*, on a *BA* = ...

On a donc .... = ... = ...

Par définition, **le triangle *ABE* est** ....

5 Raisonne sur ce problème.

a. Trace un cercle de centre de rayon 2 cm et de diamètre [*CD*].
Trace la droite (*d*) perpendiculaire à (*CD*) en *O*.
(*d*) coupe le cercle en *M* et en *N*.

b. Que représente la droite (*d*) pour le segment [*CD*] ?

» ....

....

c. Complète cette justification de *MC* = *MD*.

» *M* est un point de .... de [*CD*].

Si un point est sur .... ,

alors il est équidistant ....

M est donc .... de *C* et de *D*, c'est-à-dire qu'on a .... = ...

d. Que représente la droite (*CD*) pour le segment [*MN*] ? Justifie ta réponse.

Conseil
O est le milieu du diamètre [*MN*].

» ....

e. Que peut-on en déduire pour les longueurs *CM* et *CN* ? pour les longueurs *DM* et *DN* ?

» ....

f. Quelle est la nature du quadrilatère *CMDN* ?

» ....

Corrigés → livret, p. 12

25 Triangles particuliers

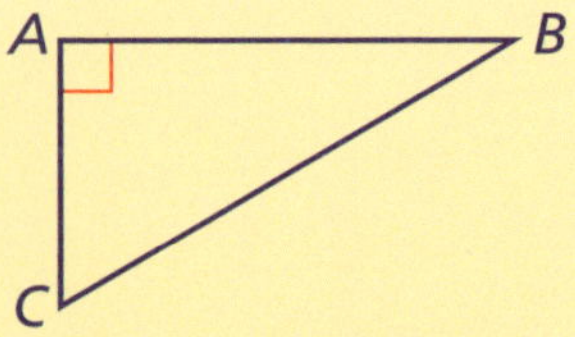

→ Ayant un angle droit en *A*, *ABC* est **rectangle** en *A*.

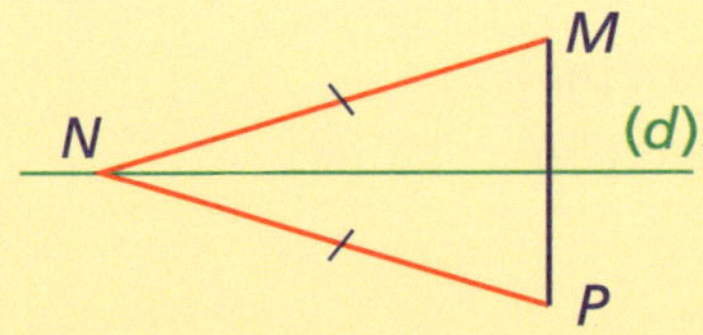

→ Comme *MN* = *NP*, *MNP* est **isocèle** en *N*.
(*d*) est axe de symétrie de *MNP*.

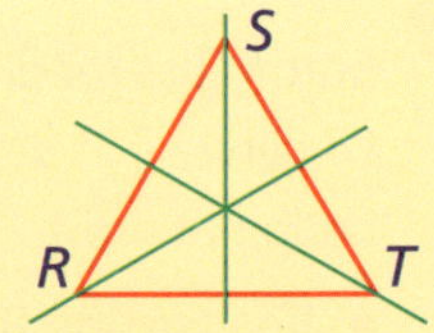

→ Avec *RS* = *ST* = *TR*, *RST* est **équilatéral**.
Il y a 3 axes de symétrie.

1 Résous le problème.

a. Construis *C*, le symétrique de *B* par rapport à (*d*).

b. Quel est le symétrique de *A* par rapport à (*d*) ?

» ....

c. Complète la justification de *AB* = *AC*.

On a [..............] et [..............] symétriques .... à (*d*).

Or, si ....

alors ils ont ....

On a bien *AB* = ...

Conseil
Utilise le premier théorème de la leçon 24.

d. Quelle est la nature du triangle *ABC* ?

» ....

2 Reconnais les triangles de cette figure.

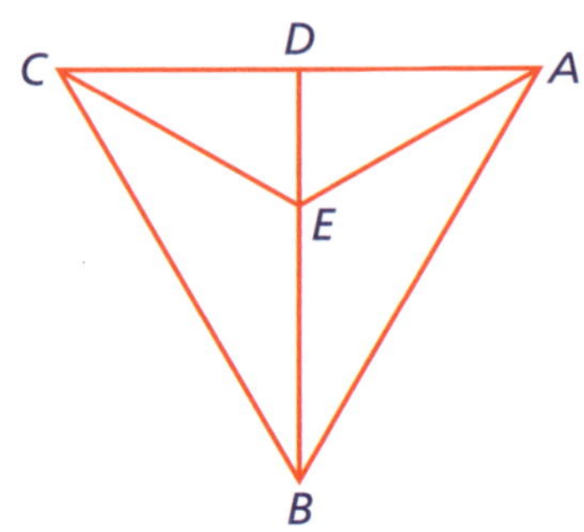

a. Nomme les huit triangles de cette figure. » ....

....

b. Quels sont les triangles rectangles ?

» ....

c. Mesure et nomme les quatre triangles isocèles.

» ....

3 Complète la consigne qui permet de construire la figure.

Trace un triangle ....

....

....

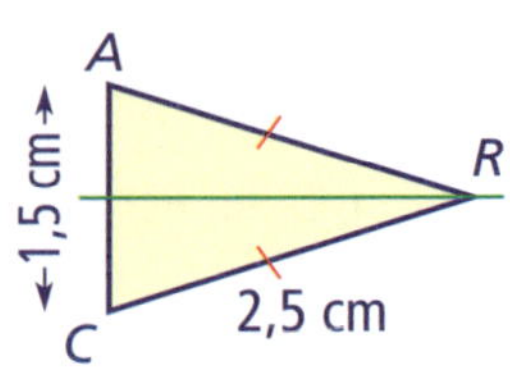

Corrigés → livret, p. 12

26 Quadrilatères

→ Un **quadrilatère** est une figure délimitée par 4 segments appelés côtés.

→ Pour nommer la figure, on en fait le tour.
Ex. : la figure ci-contre peut s'appeler *ROME*.

→ Les points *R*, *O*, *M* et *E* sont les **sommets**.

→ [*RM*] et [*OE*] sont les **diagonales** du quadrilatère.

→ Les **côtés** [*RO*] et [*OM*] sont **consécutifs**, alors que [*RO*] et [*ME*] sont **opposés**.

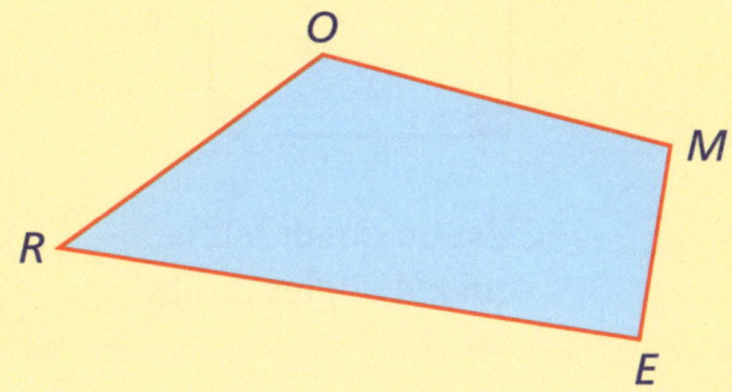

1 Donne tous les noms possibles du quadrilatère ci-dessous.

» ....

....

....

....

À savoir
Un quadrilatère a huit noms différents.

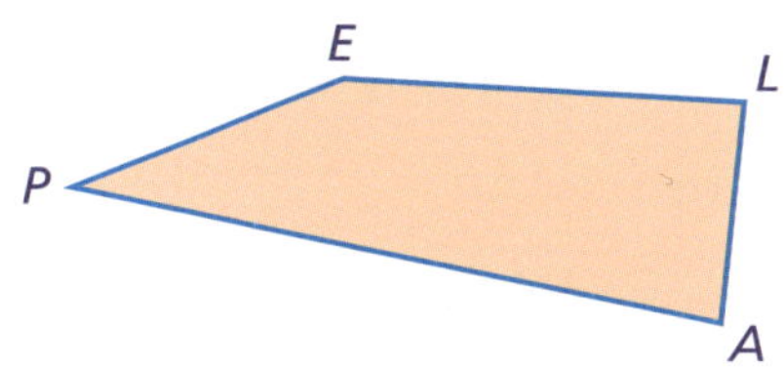

2 Voici un quadrilatère *NOIR*. Complète les phrases.

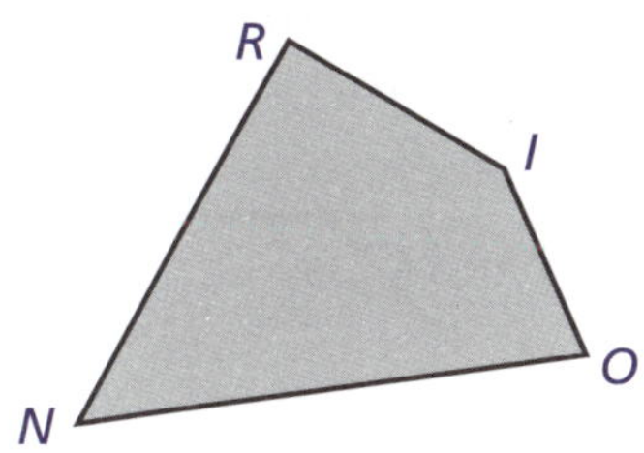

- .... et .... sont les diagonales.
- Un côté consécutif à [*RI*] est .... ou bien ....
- .... et .... sont deux côtés opposés, ainsi que .... et ....
- ...., ..., ... et .... sont les sommets du quadrilatère.

3 Complète un programme de tracé pour la figure ci-dessous.

Trace un rectangle ....

....

....

....

....

....

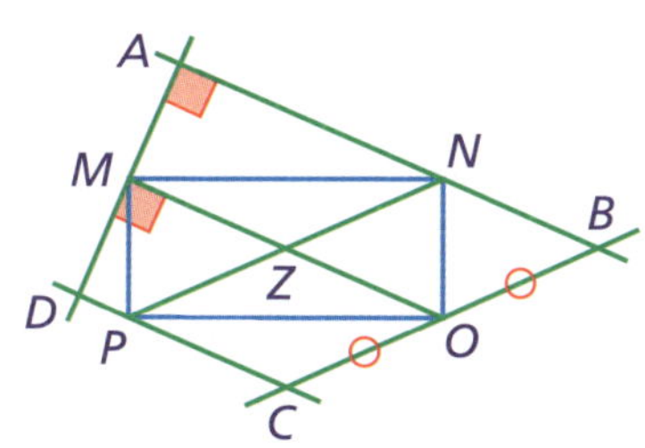

(*BO*) // (*PN*)

4 Résous le problème.

a. Dans un quadrilatère *ABCD*, *D* appartient à la médiatrice de [*AC*]. Quelle égalité peux-tu en déduire ?

» ....

b. On sait de plus que *AB* = 3 cm, *BC* = 5 cm et que le périmètre de *ABCD* vaut 15 cm. Calcule la longueur *CD*.

» ....

....

Corrigés → livret, p. 12

27 Quadrilatères particuliers

→ **rectangle**

C'est un quadrilatère qui a 4 angles droits.

→ **losange**

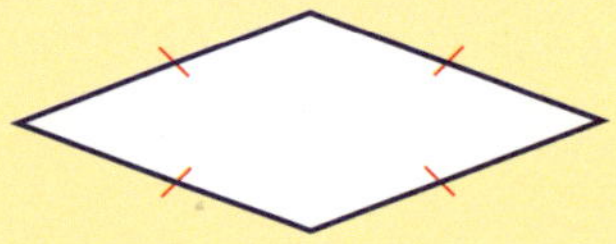

C'est un quadrilatère qui a 4 côtés de la même longueur.

→ **carré**

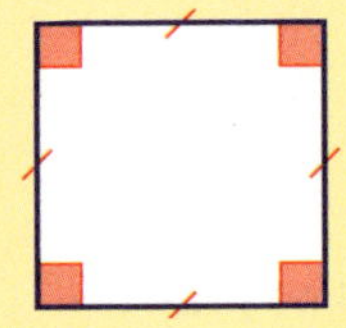

C'est un quadrilatère qui est à la fois rectangle et losange.

1 **Dénombre les quadrilatères que comporte la figure.**

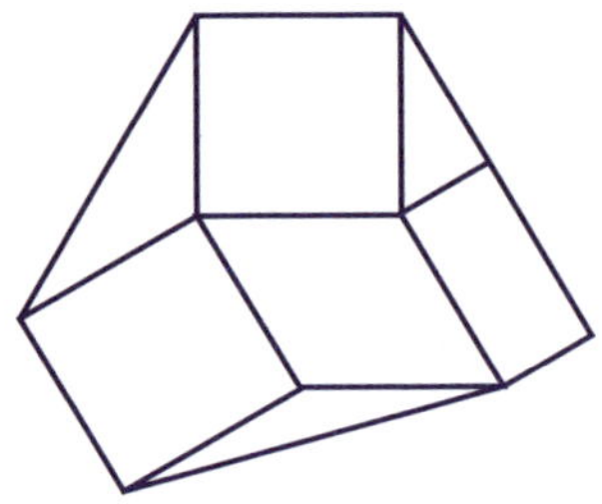

a. Compte tous les rectangles de la figure.

» ....

b. Compte tous les losanges.

» ....

c. Compte tous les carrés.

» ....

2 **Dans chacun des deux cas, complète la figure pour obtenir un losange *ABCD* tel que *AB* = 2,2 cm.**

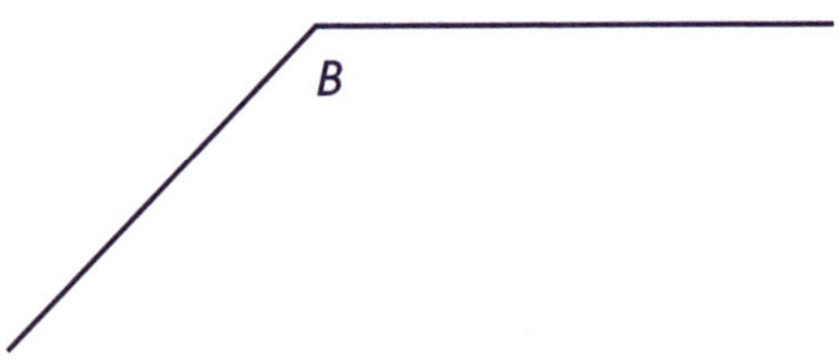

3 **Résous le problème.**

a. Trace un cercle de centre *O* et deux diamètres [*MP*] et [*NR*].

b. Quelle est la nature de *MNPR* ?

» ....

4 **Trouve le nombre de quadrilatères particuliers que contient cette figure.**

a. Le nombre de carrés est : ....

b. Le nombre de rectangles non carrés est : ....

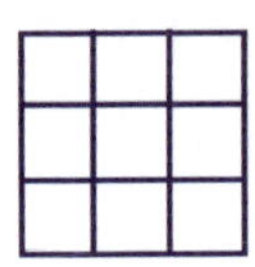

Il y a en a des petits, des grands et des moyens.

Corrigés → livret p. 13

28 Pavé droit

→ Un **parallélépipède rectangle**, ou **pavé droit**, est un solide délimité par six rectangles.
Ci-contre, *ABCDEFGH* est un pavé droit :
– il a **huit sommets**, les points *A*, *B*, etc. ;
– il a **six faces**, les rectangles *ABCD*, *ABFE*, etc. ;
– il a **douze arêtes**, les segments [*AB*], [*EF*], [*HE*], etc.
→ Un **cube** est un pavé droit dont toutes les faces sont des carrés.

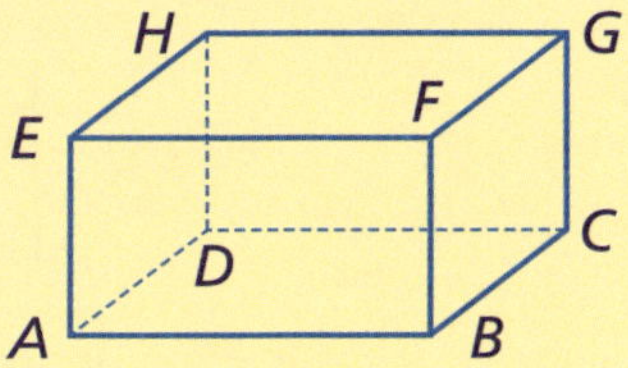

1 ***ABCDEFGH* est le parallélépipède rectangle représenté ci-dessus.**

a. Quelle est la nature de la face *ADHE* ?

» ....

b. Que peut-on en déduire pour les droites (*EA*) et (*AD*) ?

» ....

c. On sait que (*AB*) et (*CD*) sont parallèles, ainsi que (*DC*) et (*HG*).
Quel théorème permet de prouver que (*AB*) et (*HG*) sont parallèles ?

» ....

....

2 **Compte les pavés droits.**

a. Combien y a-t-il de pavés droits dans la colonne marquée *X* ?

....

b. Combien y a-t-il de pavés droits dans l'assemblage ci-contre ?

....

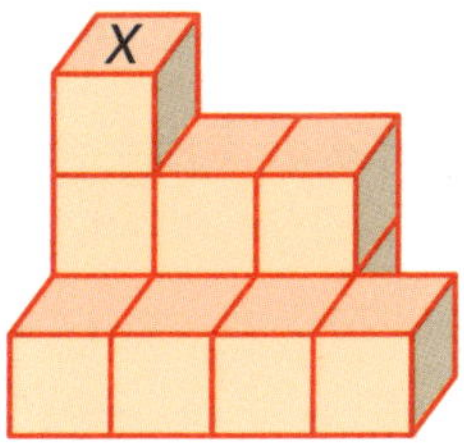

Il y des cubes entièrement cachés.

3 **Voici quatre solides. Complète le tableau.**

(1) (2) (3) (4)

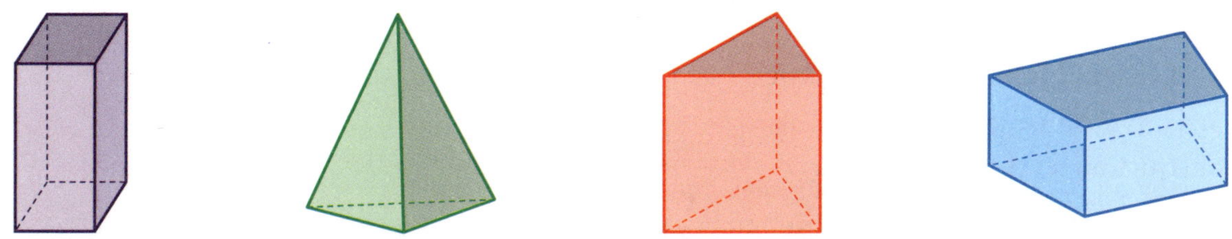

numéro du solide	nombre de sommets *NS*	nombre de faces *NF*	nombre d'arêtes *NA*	*NS + NF – NA*
(1)				
(2)				
(3)				
(4)				

Corrigés → livret, p. 13

29 Propriétés des quadrilatères particuliers

→ cerf-volant

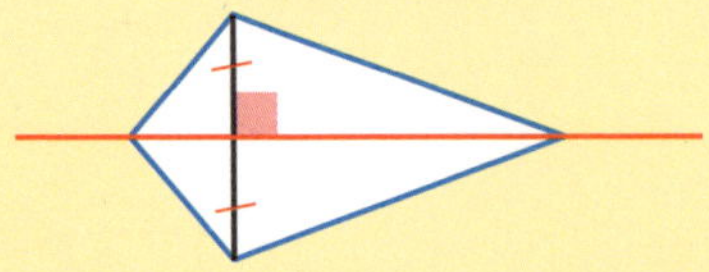

Un cerf-volant est un quadrilatère dont une diagonale est médiatrice de l'autre.
Cette diagonale est un axe de symétrie du cerf-volant.

→ rectangle

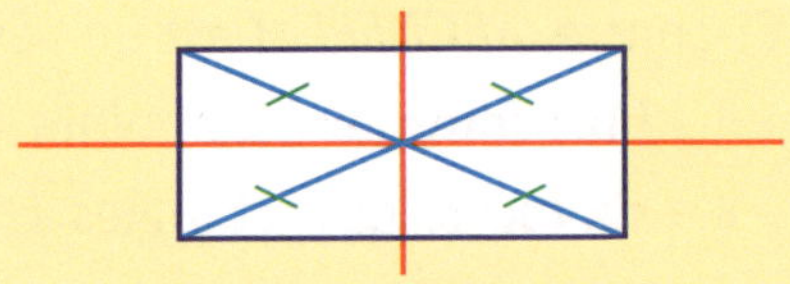

Ses diagonales ont le même milieu et ont la même longueur.
Il a deux axes de symétrie qui sont les médiatrices des côtés.

→ losange

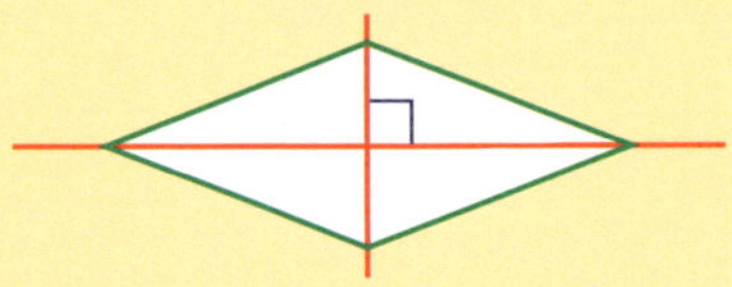

Ses diagonales ont le même milieu et sont perpendiculaires.
Il a deux axes de symétrie qui sont les deux diagonales.

→ carré

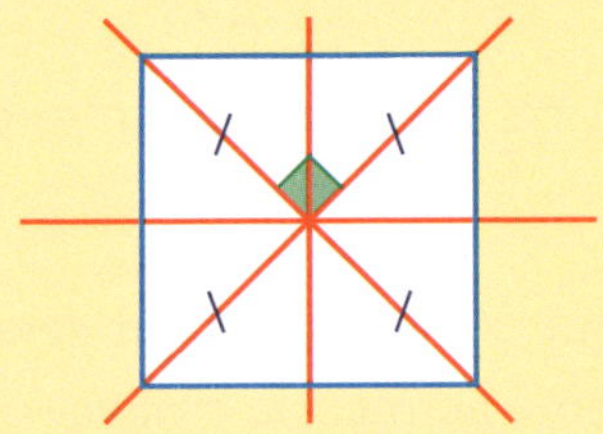

Il a les propriétés du rectangle et du losange.
Il a quatre axes de symétrie.

1 Résous ce problème de losange.

a. Trace un losange *MNOP* dont les diagonales mesurent 5 cm pour *MO* et 3 cm pour *NP*.

b. Mesure *MN* et calcule le périmètre de *MNOP*.

» ....

....

....

2 Résous ce problème de cerf-volant.

Léa n'a pas eu le temps de finir la construction du cerf-volant *ABCD*.

Conseil
Utilise le fait qu'une des diagonales est un axe de symétrie.

a. Termine la construction de ce cerf-volant.

b. Code toutes les égalités de longueur sur la figure.

c. Que représente la droite (*AC*) pour le segment [*BD*] ?

» ....

....

d. Montre que deux angles ont la même mesure.

» ....

....

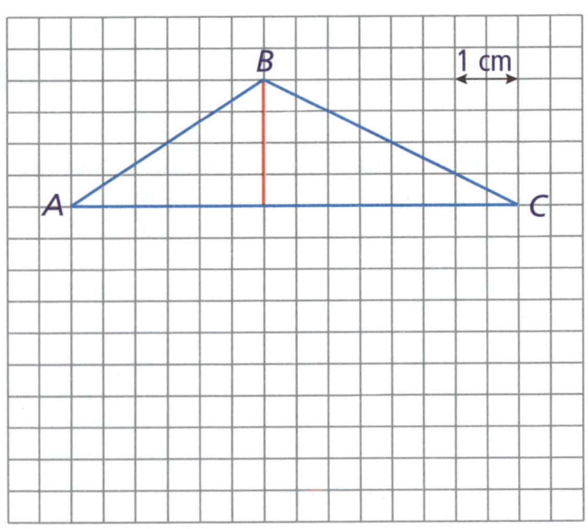

3 Résous le problème suivant.

BON est un triangle rectangle en *N*.

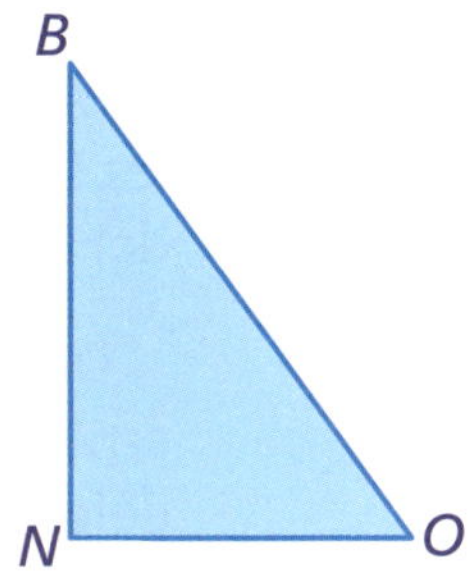

a. Construis *R* et *D* les symétriques respectifs des points *B* et *O* par rapport à *N*.

b. Que peut-on dire des diagonales de *BORD* ?

» ....

....

....

....

c. Quelle est la nature du quadrilatère *BORD* ?

» ....

....

4 Complète le raisonnement suivant.

Soit *RSTU* un rectangle et (*d*) la médiatrice de [*RS*].

(*d*) est la médiatrice d'un côté d'un rectangle ; (*d*) est donc un ....

Les points *R* et *S* sont .... par rapport à (*d*), ainsi que les points .... et ....

Les segments [*RT*] et .... sont symétriques par rapport à ....

Or, si deux segments sont symétriques, alors ....

Les diagonales [*RT*] et .... ont donc .... : *RT* = ...

5 Résous le problème.

a. Construis un rectangle *ABCD* tel que *AB* = 4 cm et *AC* = 5 cm. Décris ta construction et vérifie, en mesurant, que le périmètre de ton rectangle est 14 cm.

> La plus grande longueur donnée est celle d'une des diagonales.

» ....

....

....

....

....

....

....

....

b. Sans mesurer, donne la longueur *BD*, en la justifiant.

» ....

....

....

Corrigés → livret, p. 13

30 Patron – Perspective

→ Un **patron** est le dessin d'un seul tenant de toutes les faces d'un solide qui, après découpage et pliage, donne le solide.

→ Dans une **perspective cavalière**, les faces avant et arrière sont en vraie grandeur, les autres faces sont déformées, le parallélisme est conservé et les parties cachées sont représentées en pointillé.

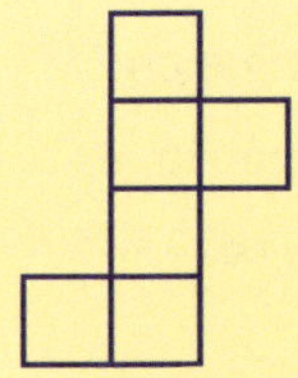
patron d'un cube

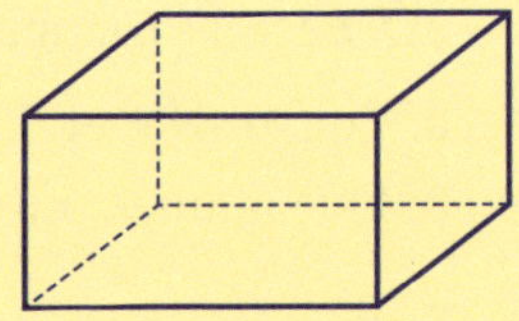
perspective d'un pavé droit

1 **Complète le patron de ce parallélépipède rectangle de dimensions 2,5 cm, 2 cm et 1 cm.**

À savoir
Il y a 6 rectangles en tout qui ont deux à deux les mêmes dimensions.

2 **Explique pourquoi ces figures ne sont pas des patrons de parallélépipèdes rectangles.**

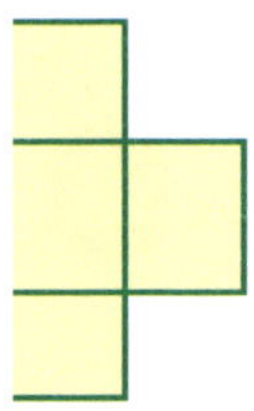

a. ⯈ ....
....
....

b. ⯈ ....
....
....

c. ⯈ ....
....
....

3 **Utilise la figure pour répondre aux questions.**

a. Cite une face visible du cube et une autre cachée.

⯈ ....

b. Cite deux droites perpendiculaires en réalité et sur la figure.

⯈ ....

c. Cite deux droites perpendiculaires en réalité mais pas sur la figure.

⯈ ....

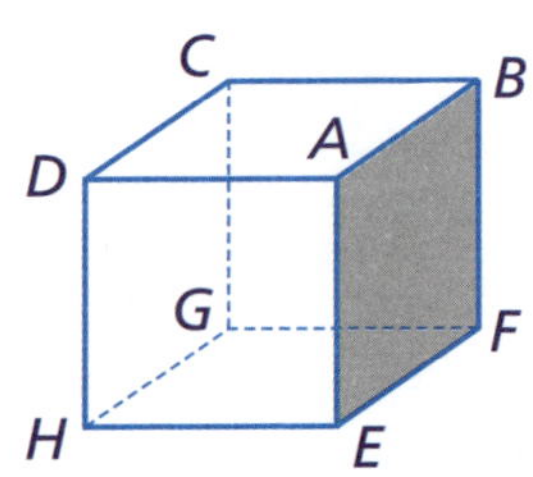

4 Réponds aux questions sur le parallélépipède rectangle.

On a dessiné ci-contre un cube.

a. Donne les nombres a d'arêtes visible et a' d'arêtes cachées.

» ....

b. Donne les nombres f de faces visibles et f' de faces cachées.

» ....

c. Donne les nombres s de sommets visibles et s' de sommets cachés

» ....

d. Vérifie que $a + a' = 12$, que $f + f' = 6$ et que $s + s' = 8$.

5 Complète les perspectives avec des traits pleins.

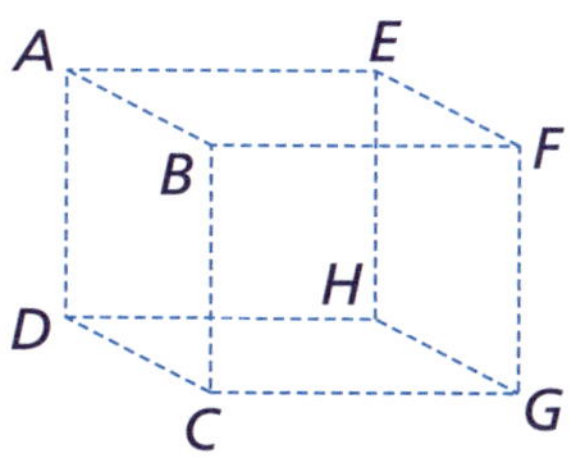

a. Le point A est visible et le point H est caché

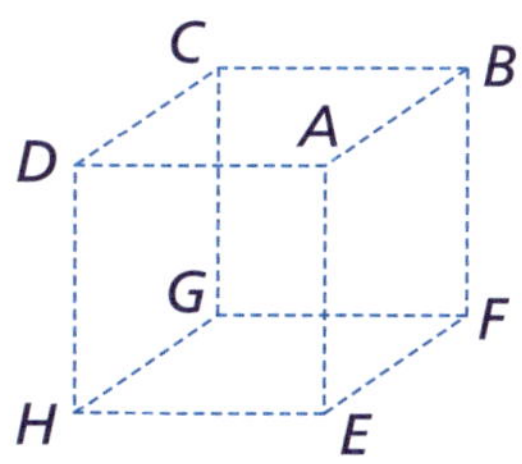

b. Le point A est caché et le point H est visible.

Conseil
Il n'y a jamais de pointillés à l'extérieur de la figure.

6 Complète les perspectives cavalières suivantes de parallélépipèdes rectangles.

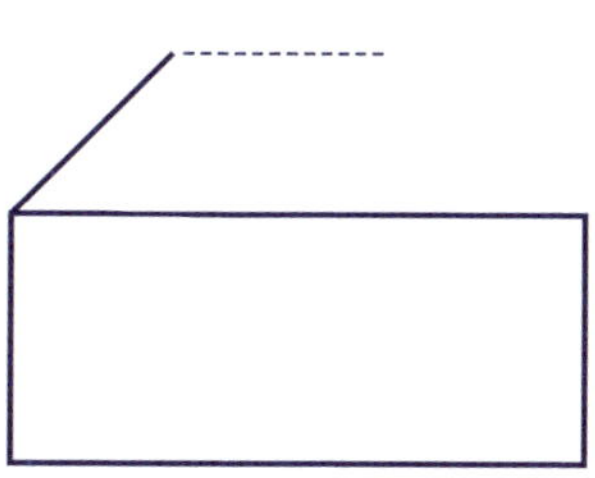

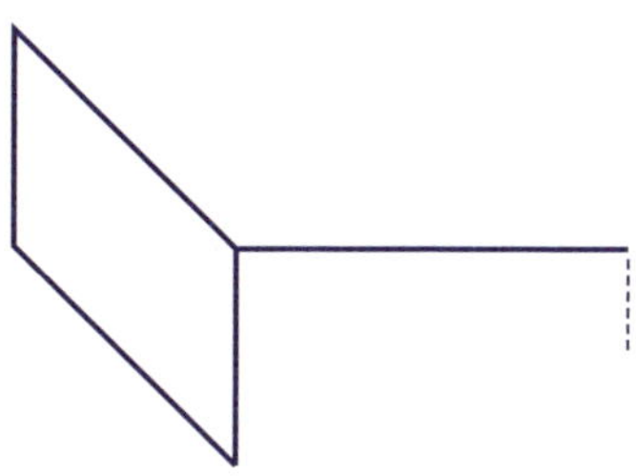

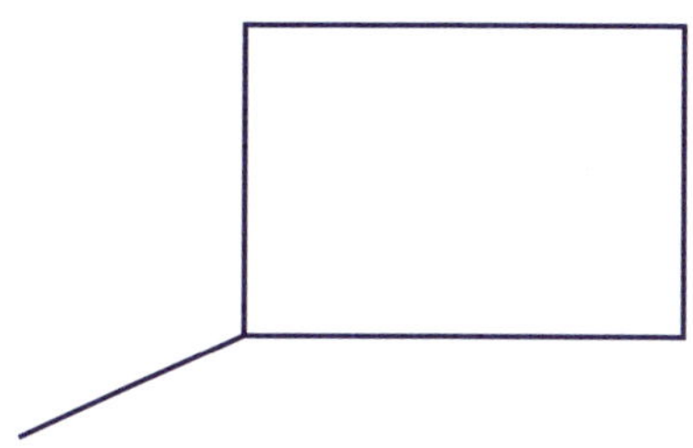

7 On donne le patron d'un cube.

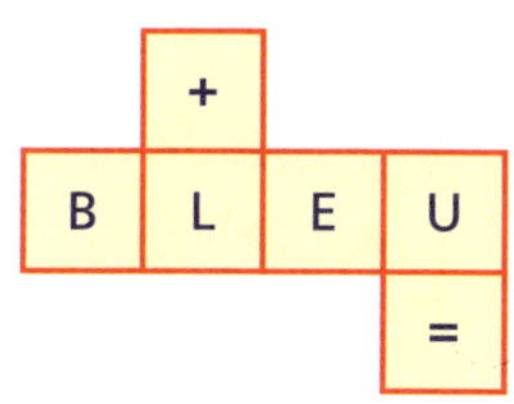

a. Quelles sont les faces opposées ?

....

....

b. Complète ses différentes vues.

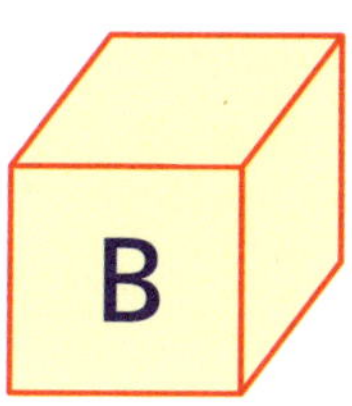

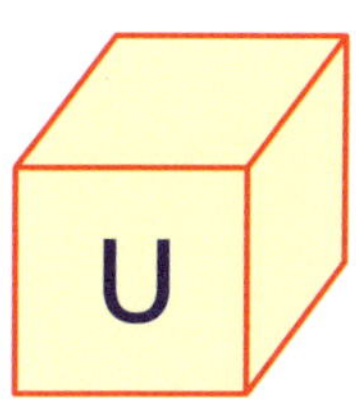

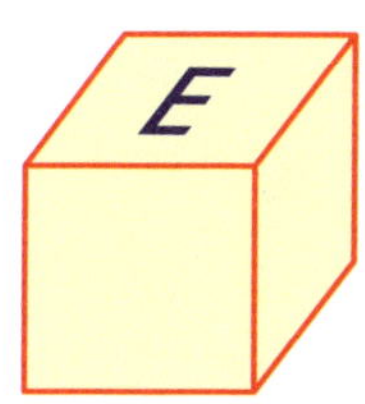

Corrigés → livret, p. 14

Quiz Bilan !

LEÇON 18 p. 31

1 **Un élève doit dessiner une demi-droite [*MN*). Quel est le bon dessin ?**

☐ **A.**

☐ **C.**

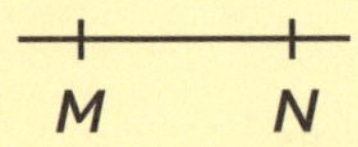

☐ **B.**

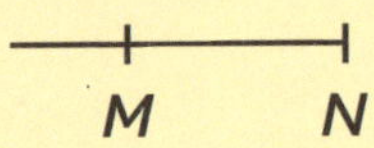

☐ **D.**

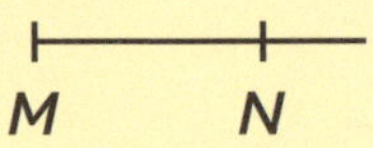

2 **Quelle est l'affirmation fausse ?**

☐ **A.** $A \in (BC)$
☐ **B.** $B \in [AC]$
☐ **C.** $C \in [BA)$
☐ **D.** $A \in [CB)$

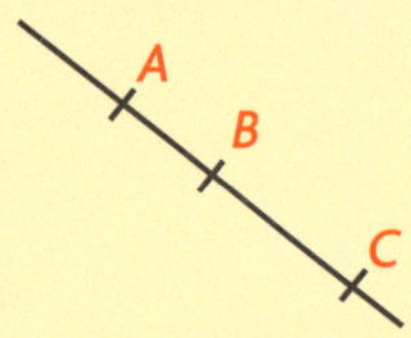

3 **Quelle phrase est fausse ?**

☐ **A.** Si *C* est sur (*AB*), alors *A* est sur (*BC*).
☐ **B.** Si *B* est sur [*AC*], alors *B* est sur (*AC*).
☐ **C.** Si *A* est sur [*BC*), alors *A* est sur (*BC*).
☐ **D.** Si *A* est sur [*CB*), alors *B* est sur [*AC*].

LEÇON 19 p. 32

4 **Quelle droite est perpendiculaire à (*D*) ?**

☐ **A.** (*AE*)
☐ **B.** (*BE*)
☐ **C.** (*CE*)
☐ **D.** (*FE*)

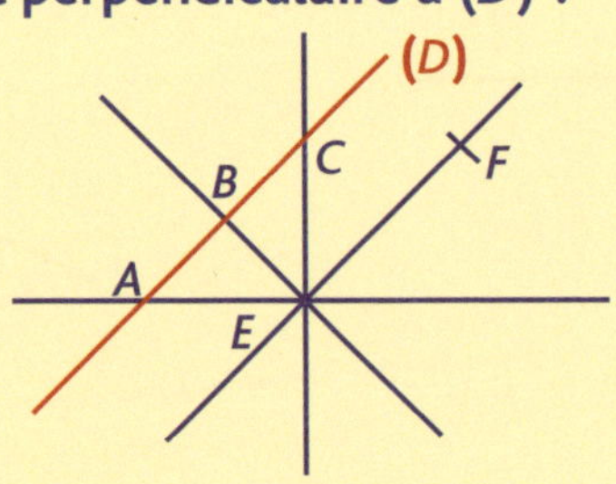

5 **Quelle droite est parallèle à (*D*) ?**

☐ **A.** (*AE*)
☐ **B.** (*BE*)
☐ **C.** (*CE*)
☐ **D.** (*FE*)

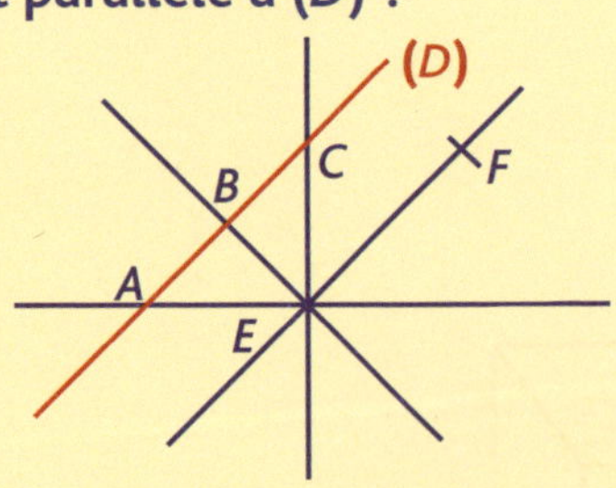

LEÇON 20 p. 33

6 **Comment doit-on compléter la phrase : « Si (*AB*) est parallèle à (*CD*) et si (*CD*) est parallèle à (*EF*), alors : ?**

☐ **A.** (*CD*) et (*AB*) sont sécantes. »
☐ **B.** (*AB*) et (*EF*) sont perpendiculaires. »
☐ **C.** (*AB*) et (*EF*) sont parallèles. »
☐ **D.** (*AB*) et (*EF*) sont sécantes. »

7 **Soit (d_1) et (d_2) deux droites parallèles et soit (d_3) une droite perpendiculaire à (d_1). On peut conclure que :**

☐ **A.** (d_2) est perpendiculaire à (d_1).
☐ **B.** (d_3) est parallèle à (d_2).
☐ **C.** (d_2) est perpendiculaire à (d_3).
☐ **D.** (d_1) et (d_2) sont confondues.

LEÇON 21 p. 34

8 **Combien y a-t-il de triangles dessinés dans cette figure ?**

☐ **A.** 3
☐ **B.** 4
☐ **C.** 5
☐ **D.** 6

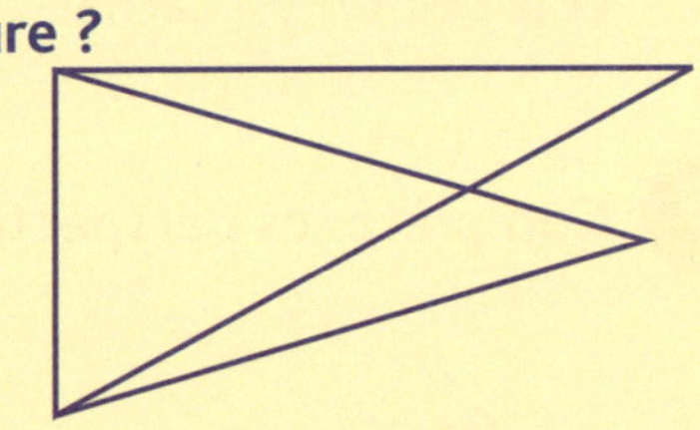

9 **Quel segment n'est pas une corde du cercle ?**

☐ **A.** [*OK*]
☐ **B.** [*GH*]
☐ **C.** [*IJ*]
☐ **D.** [*GE*]

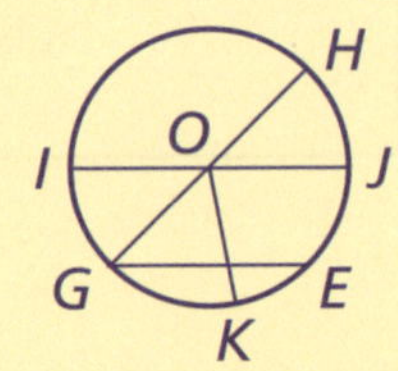

LEÇON 22 p. 36

10 **Quels sont les points symétriques par rapport à (*d*) ?**

☐ **A.** *S* et *R*
☐ **B.** *S* et *U*
☐ **C.** *T* et *U*
☐ **D.** *T* et *R*

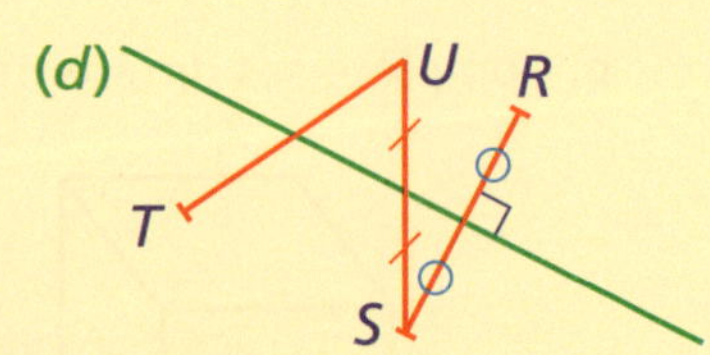

11 **Quel est le symétrique de *M* par rapport à la droite (*d*) ?**

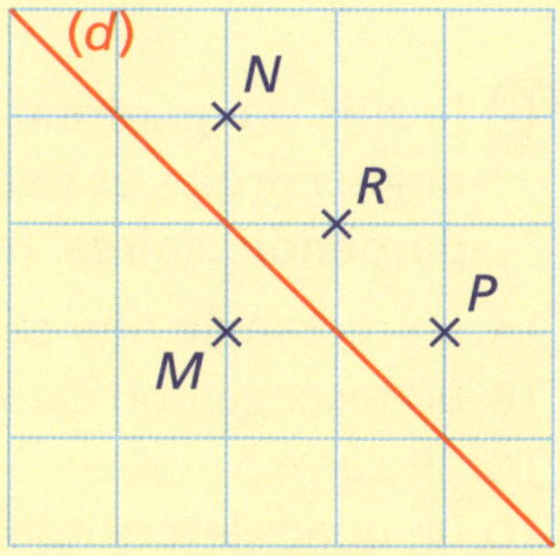

- ☐ **A.** le point *M*
- ☐ **B.** le point *N*
- ☐ **C.** le point *P*
- ☐ **D.** le point *R*

LEÇON 23 p. 37

12 **Dans quelle figure la droite noire est-elle un axe de symétrie ?**

☐ **A.**

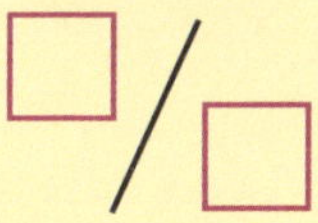

☐ **C.**

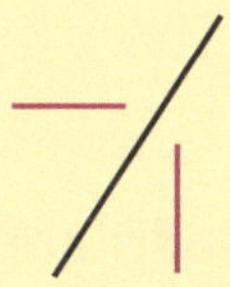

☐ **B.**

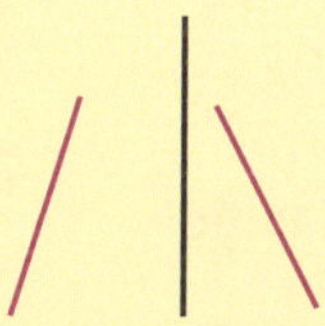

☐ **D.**

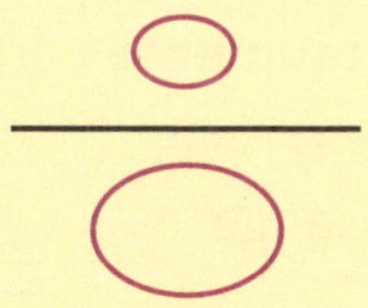

13 **[*At*) est la bissectrice de $\widehat{yAz}$. Combien mesure $\widehat{xAt}$?**

- ☐ **A.** 30°
- ☐ **B.** 60°
- ☐ **C.** 120°
- ☐ **D.** 150°

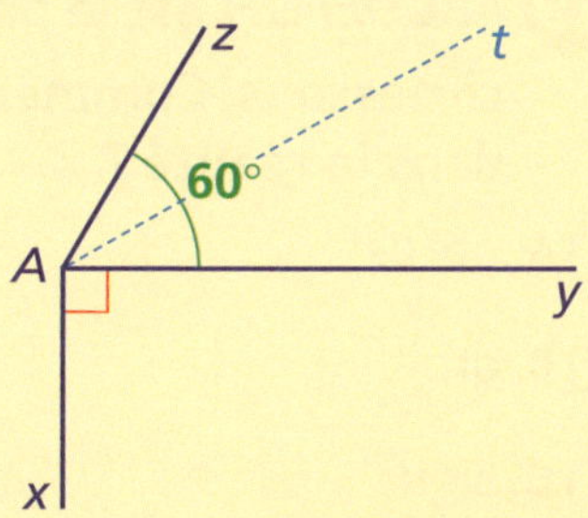

LEÇON 24 p. 38

14 **Soit [*AB*] et [*CD*] deux segments symétriques par rapport à une droite. On peut affirmer que :**

- ☐ **A.** [*AB*] et [*CD*] sont parallèles.
- ☐ **B.** [*AB*] et [*CD*] sont perpendiculaires.
- ☐ **C.** [*AB*] et [*CD*] ont le même milieu.
- ☐ **D.** *AB* = *CD*.

15 **(*d*) est la médiatrice d'un segment [*AB*]. (*d*) coupe [*AB*] en *I*. *M* et *N* sont deux autres points de (*d*). Quelle affirmation est fausse ?**

- ☐ **A.** *AB* = *NB*
- ☐ **B.** *AM* = *BM*
- ☐ **C.** *AN* = *BN*
- ☐ **D.** *AI* = *BI*

LEÇON 25 p. 40

16 **Ce triangle *EFG* est :**

- ☐ **A.** rectangle en *E*.
- ☐ **B.** isocèle en *F*.
- ☐ **C.** équilatéral.
- ☐ **D.** isocèle en E.

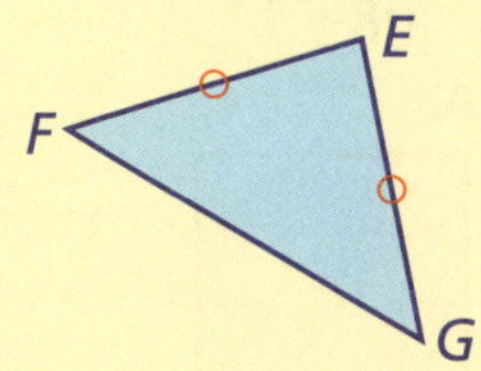

17 **Dans ce rectangle, on ne peut pas dire qu'il y a :**

- ☐ **A.** 6 triangles isocèles.
- ☐ **B.** 4 triangles rectangles.
- ☐ **C.** 2 triangles équilatéraux.
- ☐ **D.** 8 triangles.

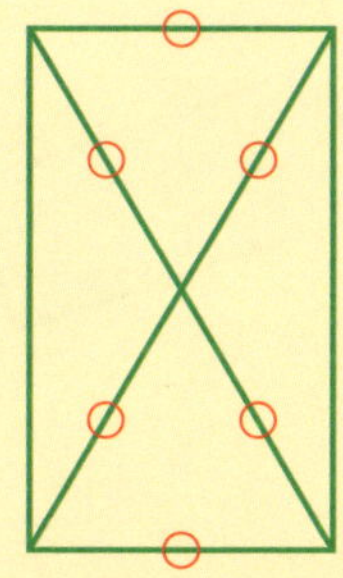

LEÇON 26 p. 41

18 **Parmi ces noms, lequel ne désigne pas le quadrilatère ci-dessous ?**

- ☐ **A.** *RABS*
- ☐ **B.** *SARB*
- ☐ **C.** *BARS*
- ☐ **D.** *SBAR*

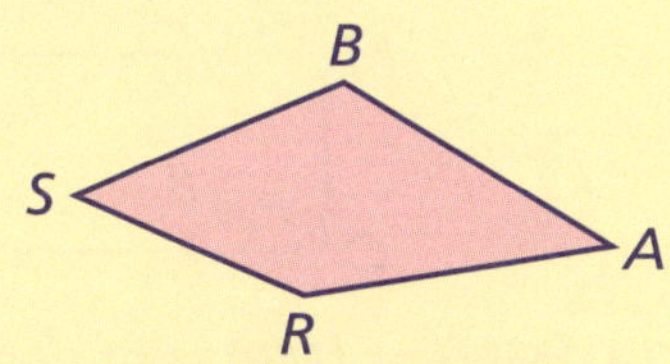

19 **Dans *MNOP*, deux côtés opposés sont :**

- ☐ **A.** *M* et *O*.
- ☐ **B.** [*MN*] et [*NP*].
- ☐ **C.** [*OP*] et [*OM*].
- ☐ **D.** [*MN*] et [*OP*].

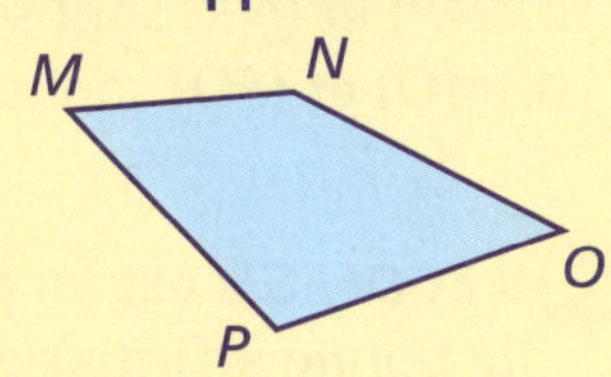

20 **Pour *ABCD*, [*AC*] représente :**

- ☐ **A.** un côté.
- ☐ **B.** un rayon.
- ☐ **C.** une diagonale.
- ☐ **D.** deux points opposés.

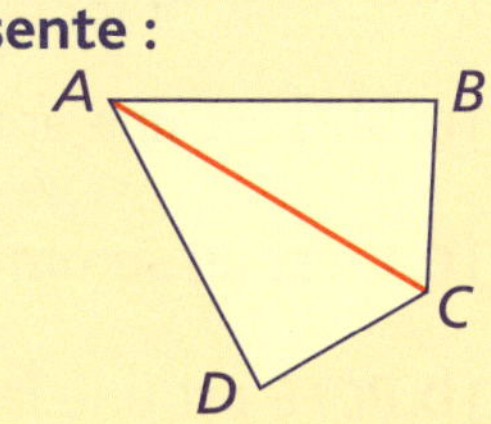

LEÇON 27 p. 42

21 **Combien de rectangles sont cachés dans ce dessin ?**

- ☐ **A.** 9
- ☐ **B.** 8
- ☐ **C.** 4
- ☐ **D.** 2

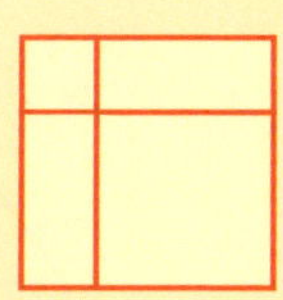

Suite du Bilan ☛

22 **La figure qui n'est pas un rectangle est la figure :**

☐ **A.**

☐ **C.**

☐ **B.**

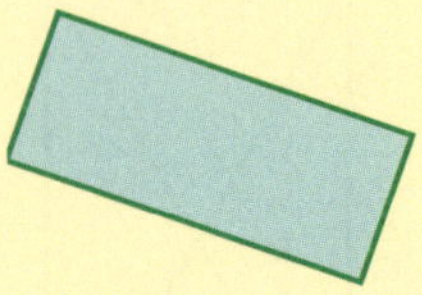

☐ **D.**

LEÇON 28 p. 43

23 ***MNOPQRST*** **est un parallélépipède rectangle. Quelle affirmation est fausse ?**

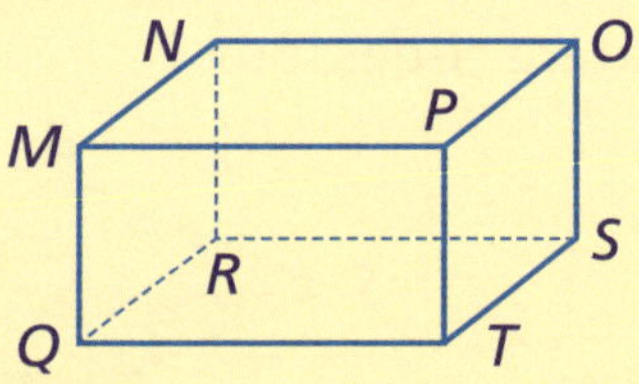

☐ **A.** (*MN*) et (*MP*) sont perpendiculaires.
☐ **B.** (*MQ*) et (*PT*) sont parallèles.
☐ **C.** (*MP*) et (*NR*) sont sécantes.
☐ **D.** (*MQ*) et (*SO*) sont parallèles.

24 ***ABCDEFGH*** **est un pavé droit. Quelle est la bonne affirmation ?**

☐ **A.** Il y a cinq faces.
☐ **B.** [*AF*] est une arête.
☐ **C.** *C* est un sommet.
☐ **D.** *BCFE* est une face.

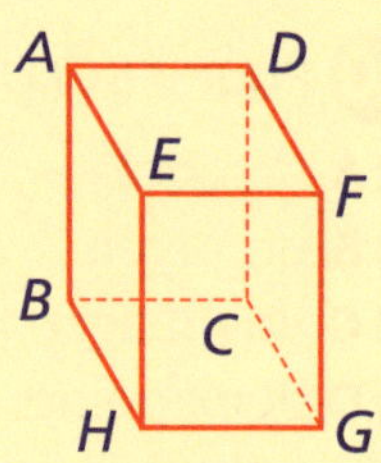

25 **Combien faut-il de cubes pour réaliser cet assemblage ?**

☐ **A.** 7
☐ **B.** 8
☐ **C.** 9
☐ **D.** 10

LEÇON 29 p. 44

26 **Je suis un quadrilatère avec quatre angles droits et deux diagonales perpendiculaires. Je suis donc :**

☐ **A.** un rectangle non carré.
☐ **B.** un losange non carré.
☐ **C.** un carré.
☐ **D.** un quadrilatère quelconque.

27 **Le nombre d'axes de symétrie d'un carré est :**

☐ **A.** 1. ☐ **C.** 3.
☐ **B.** 2. ☐ **D.** 4.

28 **Un quadrilatère a ses diagonales qui sont deux diamètres non perpendiculaires d'un même cercle. C'est un :**

☐ **A.** rectangle. ☐ **C.** carré.
☐ **B.** losange ☐ **D.** triangle.

LEÇON 30 p. 46

29 ***ABCDEFGH*** **est le pavé droit représenté ci-dessous. Comment est l'angle** $\widehat{EHG}$ **dans la réalité ?**

☐ **A.** obtus
☐ **B.** droit
☐ **C.** aigu
☐ **D.** On ne peut pas savoir.

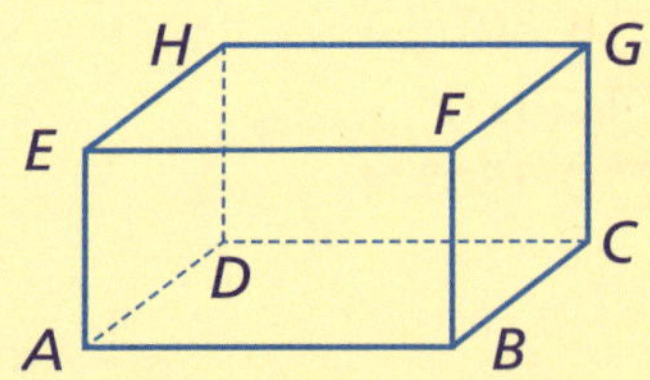

30 **On donne trois vues d'un même cube. De quelle couleur est la face opposée à la face verte ?**

☐ **A.** bleue
☐ **B.** rouge
☐ **C.** grise
☐ **D.** orange

Si tu as 23/30 ou plus, **BRAVO !**

Inscris ton score … / 30

Corrigés → livret, p. 14

31 Longueurs

→ La **longueur** d'un segment [*AB*] se note *AB* : c'est le nombre d'unités contenues dans [*AB*].

Ex. :  1 unité 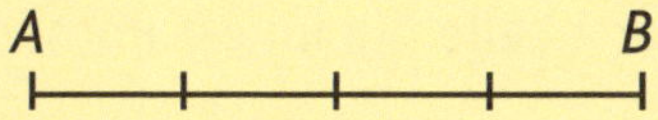

La longueur de [*AB*] est : *AB* = 4.

→ Le **périmètre d'une figure** est la somme des longueurs de ses côtés.

→ Le **périmètre d'un cercle** est $2 \times \pi \times r$ ou $\pi \times d$, avec *r* le rayon, *d* le diamètre et $\pi = 3{,}141\ 59...$

1 Donne la longueur de [*AB*].

a. Si l'unité est *AC*, la longueur de [*AB*] est .... unités.

b. Si l'unité est *AD*, la longueur de [*AB*] est .... unités.

2 Calcule les périmètres.

a. Calcule le périmètre du triangle *ABC*.

» ....

....

....

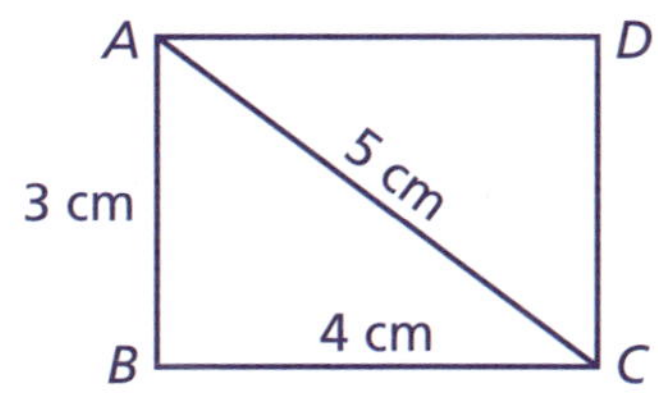

b. Calcule le périmètre du rectangle *ABCD*.

» ....

3 Un cercle a pour diamètre 5 cm. Calcule son périmètre

» ....

....

On donne le diamètre et non le rayon.

4 Calcule les longueurs demandées.

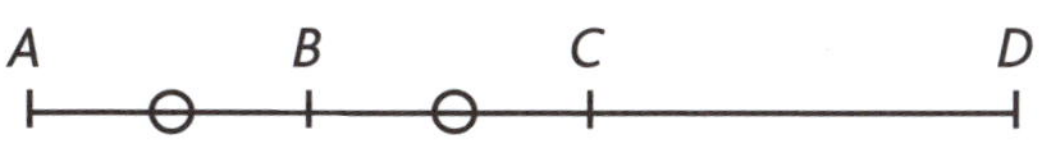

On sait que *AB* = 2 cm et que *AD* = 7 cm.

a. Quelle est la longueur de [*BC*] ?

» ....

b. Calcule la longueur *CD*.

» ....

5 Calcule le périmètre de la figure.

» ....

....

....

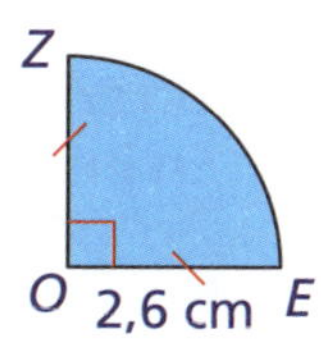

Corrigés → livret, p. 14

32 Conversion de longueurs

→ Pour passer d'une unité de longueur à celle qui lui est immédiatement inférieure, on multiplie par 10.

→ Pour passer d'une unité de longueur à celle qui lui est immédiatement supérieure, on multiplie par 0,1.

1 Complète les égalités en t'aidant du tableau.

a. 1 432 cm = ... dm

b. 1,7 m = ... km

c. 43 200 mm = ... km

d. 0,025 hm = ... cm

km	hm	dam	m	dm	cm	mm
		1	4	3	2	
			1,	7		
		4	3	2	0	0
	0,	0	2	5		

2 Complète.

a. 47,5 km = ... m

b. 34,01 hm = ... dam

c. 10 000 mm = ... m

d. 0,5 hm = ... km

e. 23,56 dam = 235,6 ....

f. 0,172 8 km = 17,28 ....

3 Convertis les six longueurs dans la même unité, puis range-les dans l'ordre décroissant.

a. = 4 563 mm = ...

b = 4,6 m = ...

c = 45 dm = ...

d = 0,004 58 km = ...

e = 0,463 dam = ...

f = 456 cm = ...

b. .... > .... > .... > .... > .... > ....

4 Exprime en mètre.

a. 3 km + 25 hm + 40 m = ...

b. 4 hm + 16 dam + 3 dm = ...

5 Résous les deux questions.

Un carré a un périmètre de 0,16 m.

a. Calcule en cm la longueur d'un de ses côtés.

» ....

b. Un rectangle a le même périmètre que le carré et une longueur de 60 mm.
Quelle est la largeur du rectangle en cm ?

» ....

....

6 Un triangle a ses côtés qui mesurent 300 mm, 0,03 dam et 3 dm. En justifiant ta réponse, donne la nature de ce triangle.

» ....

....

Conseil
Exprime toutes les longueurs en mètre.

Corrigés → livret p. 14

33 Angles

→ Les demi-droites [*Ox*) et [*Oy*) sont les **côtés** de l'angle.
Le point *O* est le **sommet** de l'angle.
Cet angle se note $\widehat{xOy}$ ou $\widehat{yOx}$.

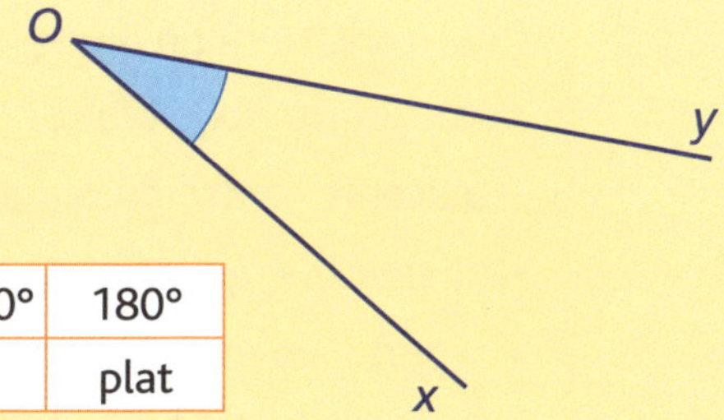

→

mesure de l'angle	moins de 90°	90°	entre 90° et 180°	180°
nature de l'angle	aigu	droit	obtus	plat

1 Nomme chaque angle et précise sa nature.

numéro de l'angle	nom de l'angle	nature de l'angle
①	....	....
②	....	....
③	....	....
④	....	....

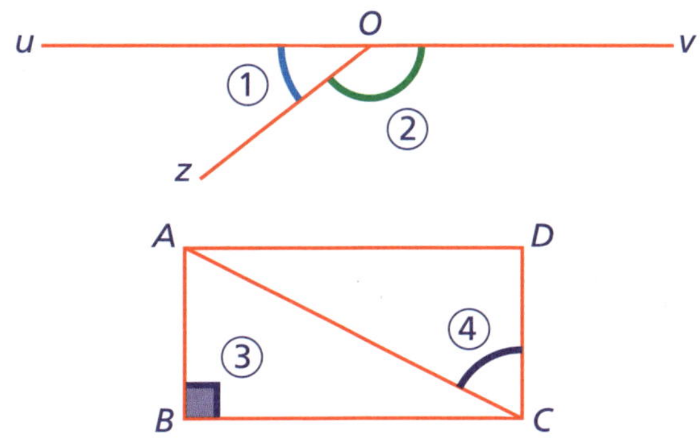

2 Résous le problème.

On sait que : $\widehat{xOt} = 135°$.

a. Détermine la mesure de $\widehat{xOy}$.

» ....

b. Explique pourquoi l'angle $\widehat{xOz}$ est droit.

» ....

....

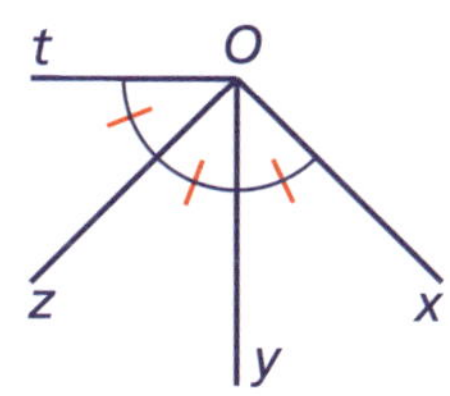

3 À l'aide d'un rapporteur, donne les mesures des angles de l'exercice 1.

» ....

4 Résous le problème.

a. Mesure les trois angles du triangle *ABC*.

» ....

b. Vérifie que la somme de ces trois angles vaut 180°.

» ....

c. Que peut-on dire des angles $\widehat{ABC}$ et $\widehat{ACB}$?

» ....

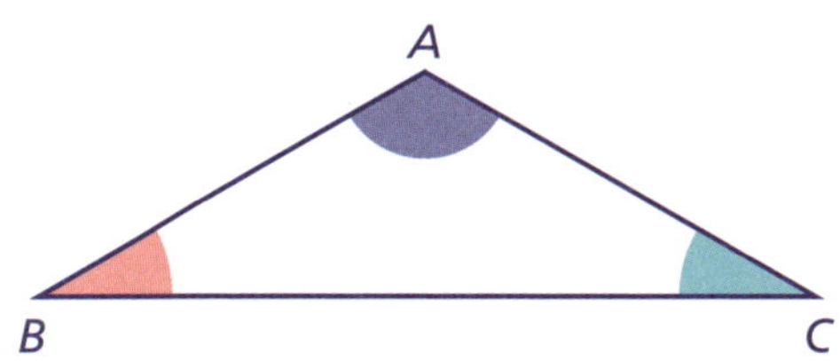

À savoir
Si $\widehat{ABC} = \widehat{ACB}$, alors *ABC* est isocèle en *A*.

5 *ABC* est un triangle rectangle en *A*. De plus, on a $\widehat{CAD} = 32°$. Détermine $\widehat{DAB}$.

» ....

....

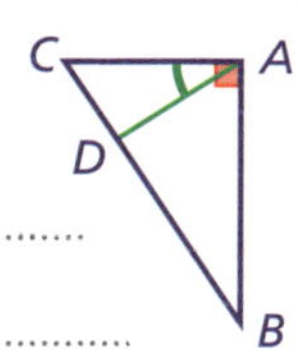

Corrigés → livret, p. 15

34 Construction d'angles

Pour construire un angle $\widehat{xAy}$ à partir d'une demi-droite [Ax), il faut :
- placer le centre du rapporteur sur le point A ;
- aligner la graduation 0 avec la demi-droite [Ax) ;
- repérer à partir du zéro la graduation correspondant à la mesure de l'angle et faire une marque ;
- tracer la demi-droite [Ay) qui passe par la marque.

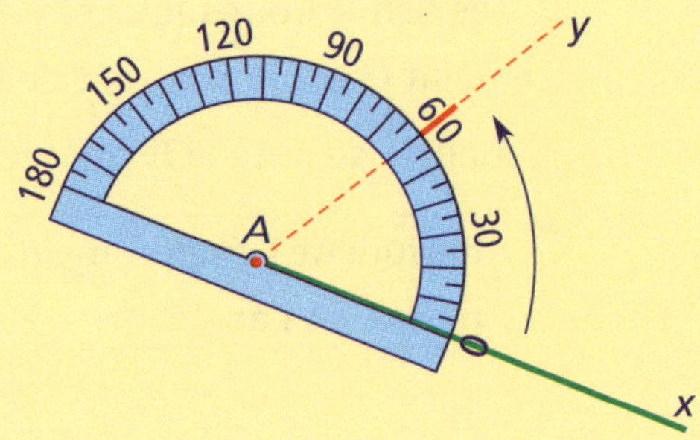

1 Construis avec ton rapporteur.

a. Construis au-dessous de la droite un angle $\widehat{xOy}$ de mesure 60° et un angle $\widehat{zAt}$ de mesure 30°.

b. Les demi-droites [At) et [Oy) se coupent en B.
Vérifie avec ton équerre que le triangle OAB est rectangle en B.

2 Réalise les constructions.

a. Trace un segment [AB] de longueur 3 cm.

b. Trace $\widehat{BAx}$ de mesure 110°.

c. Trace $\widehat{ABy}$ de mesure 25°.

d. Les demi-droites [Ax) et [By) se coupent en C.
Combien mesure l'angle $\widehat{ACB}$?

» ....

> ⚠ Sur le rapporteur, ne confonds pas 100° et 70°.

3 Réalise les constructions.

a. Trace le cercle de diamètre [MN].

b. Trace la droite (d) perpendiculaire à (MN) en N.

c. Trace l'angle $\widehat{NMz}$ de mesure 37°.

d. La demi-droite [Mz) recoupe le cercle en P et coupe (d) en R. Place P et R.

e. Combien mesure $\widehat{PNR}$?

» ....

4 Construis avec ton rapporteur.

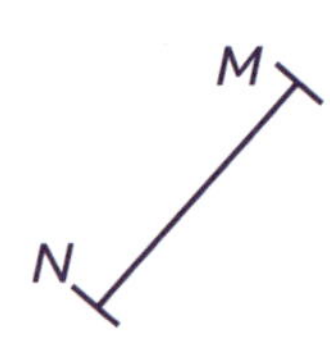

a. Termine le triangle MNP avec $\widehat{NMP} = \widehat{MNP} = 60°$.

b. Quelle est la nature de ce triangle ?
Justifie ta réponse.

» ....

....

Corrigés → livret p. 15

35 Durées

→ Pour mesurer le temps, on emploie l'heure (h), la minute (min) et la seconde (s).
→ On a : 1 min = 60 s ; 1 h = 60 min ; 1 h = 3 600 s.

1 Effectue les conversions.

a. 2 h = ... min ;
c. 15 min = ... s ;
b. 720 s = ... min ;
d. 3 h = ... s.

2 Complète les égalités.

a. 3 h 20 min = ... = ... min
b. 153 min = ... = ... h .... min
c. 2,5 h = ... = ... min
d. 2 h 3 min 17 s = ... = ... s
e. 5 445 s = ... = ... h .... min .... s

3 Résous le problème.

a. Dans une usine, une machine fabrique un objet en 4 minutes et 30 secondes. Exprime en seconde la durée de fabrication d'un objet.

» ....

b. La machine fonctionne 14 heures par jour. Exprime en seconde la durée de fonctionnement de la machine.

» ....

c. Combien la machine fabrique-t-elle d'objets par jour ?

» ....

4 Calcule les sommes.

Exemple :

Calculer la somme de 2 h 23 min 15 s et de 3 h 45 min 17 s.

On pose :

  2 h 23 min 15 s
+ 3 h 45 min 17 s
  5 h 68 min 32 s

On transforme 60 min en 1 h et on a :

6 h 8 min 32 s.

À savoir
Quand on a plus de 60 min ou de 60 s, on transforme dans l'unité de temps supérieure.

a. Calcule la somme de 4 h 37 min 26 s et de 5 h 45 min et 17 s.

La somme est ....

b. Calcule la somme de 6 h 28 min 52 s et de 8 h 33 min et 25 s.

La somme est ....

Corrigés → livret, p. 15

36 Masse

Pour mesurer les masses, on utilise le **gramme** (g), ainsi que ses multiples (**kg**, **hg**, **dag**) et ses sous-multiples (**dg**, **cg** et **mg**).

1 Complète en utilisant le tableau.

a. 41,5 kg = ... g

b. 64,01 hg = ... dag

c. 10 000 mg = ... kg

d. 0,7 hg = ... kg

e. 83,56 dag = 835,6 ....

f. 0,172 8 kg = 17,28 ....

kg	hg	dag	g	dg	cg	mg

2 Exprime en grammes.

a. 5 kg + 27 hg + 50 g = ...

b. 3 hg + 16 dag + 300 dg = ...

3 Classe du plus lourd au plus léger.

25 kg 26 000 g 258 hg 24 000 000 mg 2 579,9 dag

» ....

....

4 Complète le tableau.

achat	masse	prix	prix au kilogramme
beurre	250 g	1,17 €	....
chocolat	300 g	2,10 €	....
viande	750 g	6,45 €	....
pommes	1,2 kg	3,60 €	....
carottes	2 kg	2,60 €	....

À savoir
Le prix au kilogramme est le quotient du prix par la masse en kilogramme.

5 Résous le problème.

Le tableau ci-contre indique le prix à payer pour affranchir une lettre ordinaire en France métropolitaine en fonction de sa masse.

masse de la lettre (en g)	15	25	70
prix du timbre (en euro)	0,68	1,15	1,75

Le prix payé pour l'affranchissement d'une lettre est-il proportionnel à la masse de cette lettre ? Justifie ta réponse.

» ....

....

....

Corrigés ▸ livret p. 15

37 Aires

→ Une **aire** est la mesure d'une surface à l'aide d'une unité.

→ La figure ci-contre a pour aire 7 carrés.

→ On utilise comme unité d'aire, le **mètre carré (m^2)** et ses multiples, ainsi que l'hectare (ha), l'are (a) et le centiare (ca).
On a : 1 a = 100 m^2.

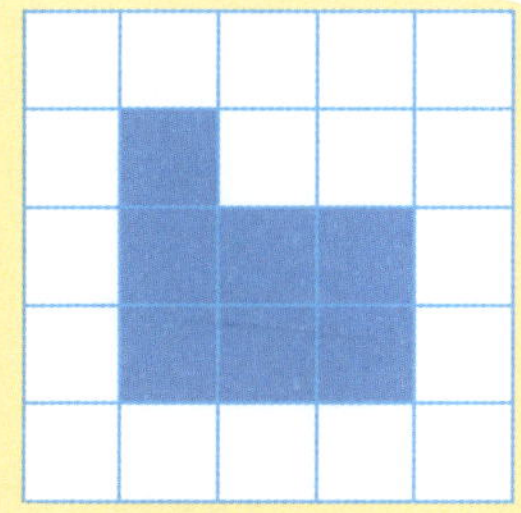

1 Convertis.

a. 47,5 km^2 = ... m^2

b. 34,01 hm^2 = ... dam^2

c. 10 000 mm^2 = ... m^2

d. 0,5 ha = ... km^2

e. 150 000 000 cm^2 = ... km^2

f. 2 640 dm^2 = ... a

Astuce
Tu peux t'aider du tableau donné en début d'ouvrage sur la page de couverture.

2 Exprime les sommes en m^2.

a. S_1 = 3 km^2 + 2 ha + 40 a + 7 m^2 = ...

b. S_2 = 4 hm^2 + 6 dam^2 + 130 dm^2 = ...

3 Calcule les aires des deux triangles.

» ....

....

....

....

....

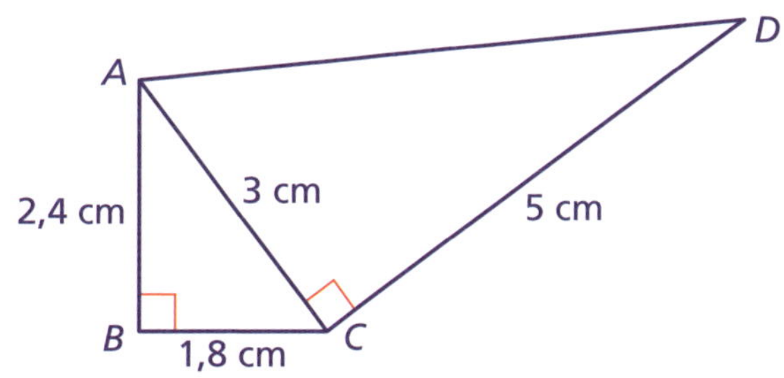

4 Un rectangle a une aire de 22 cm^2 et une largeur de 4 cm. Calcule sa longueur.

» ....

....

5 Calcule le périmètre et l'aire d'un rectangle de longueur 0,4 dm et de largeur 3 cm.

» ....

....

6 Un triangle rectangle a un périmètre de 12 cm, son plus grand côté mesure 5 cm et son plus petit côté 3 cm.

a. Calcule la longueur du troisième côté.

» ....

....

b. Construis ce triangle.

c. Calcule son aire.

» ....

Corrigés → livret, p. 16

38 Calculs d'aire

Pour calculer l'**aire** de la figure ci-contre, on peut :
– soit le faire par **découpage**,
aire de $ABCD$ = aire de $BCDF$ + aire de BAF,
– soit le faire par **complément**,
aire de $ABCD$ = aire de $AECD$ – aire de AEB.

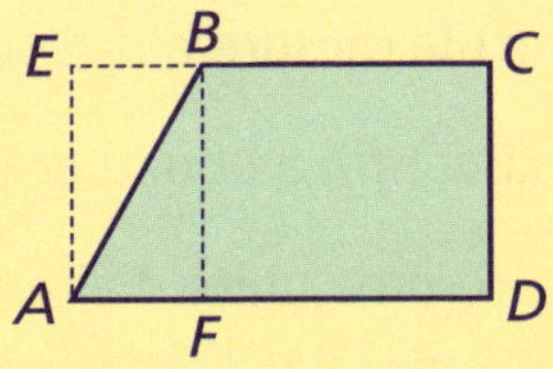

→ L'aire d'un carré de côté a est $a \times a$.

→ L'aire d'un rectangle de longueur L et de largeur l est $L \times l$.

→ L'aire d'un triangle rectangle de base b et de hauteur h est $\frac{b \times h}{2}$.

→ L'aire d'un disque de rayon r est $\pi \times r \times r$.

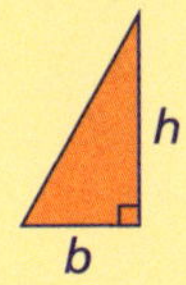

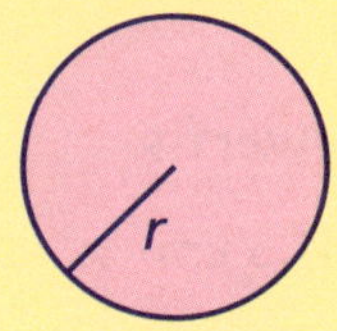

1 Calcule de deux manières l'aire de la figure.

Sur la figure ci-contre, on donne $AD = 4{,}5$ cm, $CD = 3$ cm et $AF = 1$ cm.

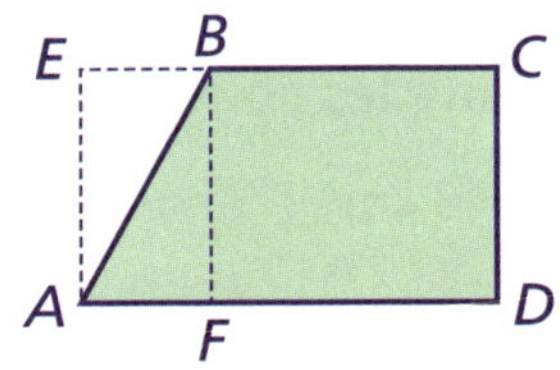

Que vaut la longueur FD ?

a. Calcule l'aire de $ABCD$ par découpage.

$BCDF$ est ....

donc son aire est ....

....

ABF est ....,

donc son aire est ....

....

On en déduit que l'aire de $ABCD$ est ....

....

b. Calcule l'aire de $ABCD$ par complément.

$AECD$ est ...., donc son aire est ....

ABE est.........., donc son aire est ....

On en déduit que l'aire de $ABCD$ est ....

2 Suis les consignes afin d'encadrer l'aire de la figure bleue.

L'unité d'aire est le carré.

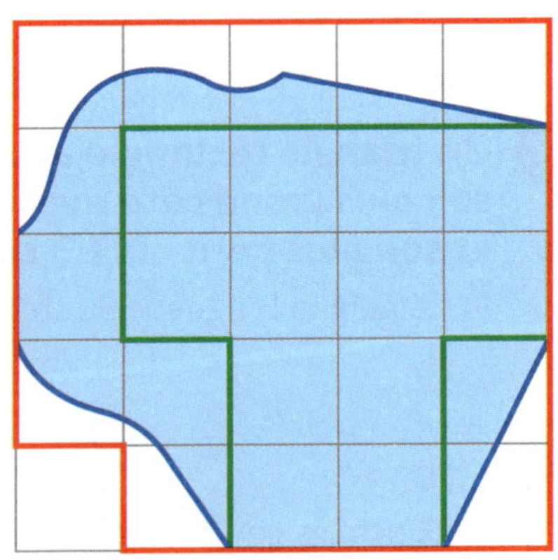

a. Quelle est l'aire de la figure à bord vert ?

» ....

....

b. Quelle est l'aire de la figure à bord rouge ?

» ....

....

c. Complète l'encadrement de l'aire de la figure bleue.

.... < aire de la figure bleue < ....

3 **Calcule l'aire de *BDFG*.**

Dans le rectangle *ACGE*, on a *AC* = 6 cm, *CG* = 4 cm, *EF* = 4 cm, *AD* = 3 cm et *AB* = 2 cm.

» ....

....

....

....

À savoir
Procède par complément.

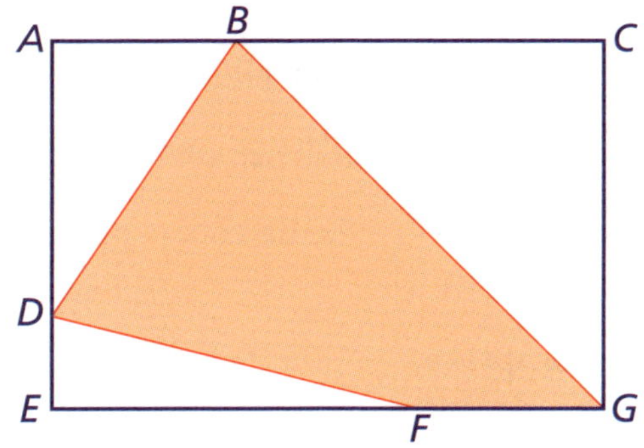

4 **Calcule l'aire de *MNOP*.**

L'unité d'aire est le carreau.

» ....

....

....

....

....

....

Conseil
Découpe mentalement la figure et recolle les morceaux pour avoir une figure plus simple.

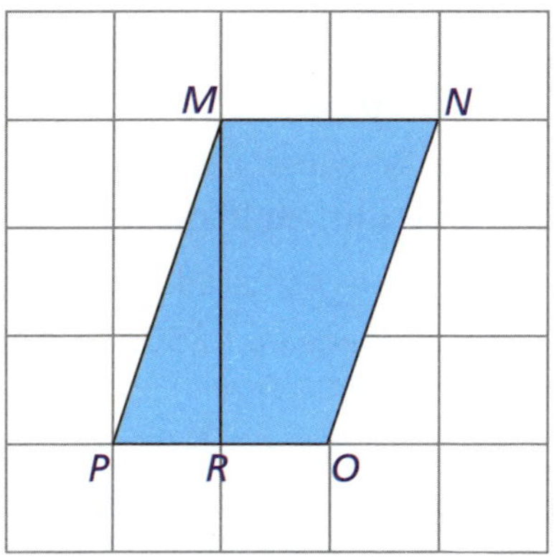

5 **Calcule l'aire en jaune.**

» ....

....

....

....

....

....

....

....

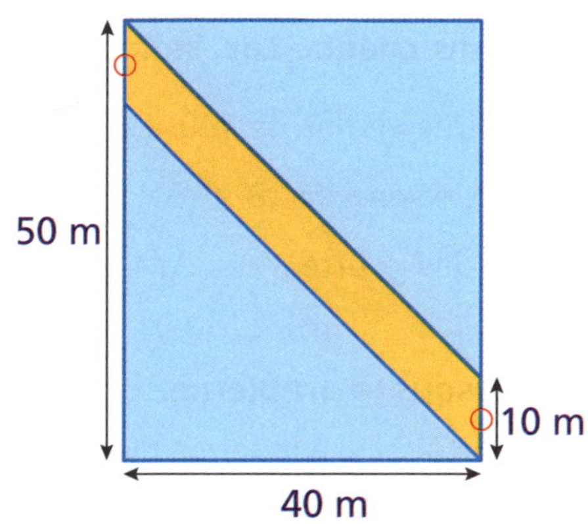

6 **Calcule l'aire de la figure avec *ABCD* un carré de 2 cm de côté.**

» ....

....

....

....

....

....

....

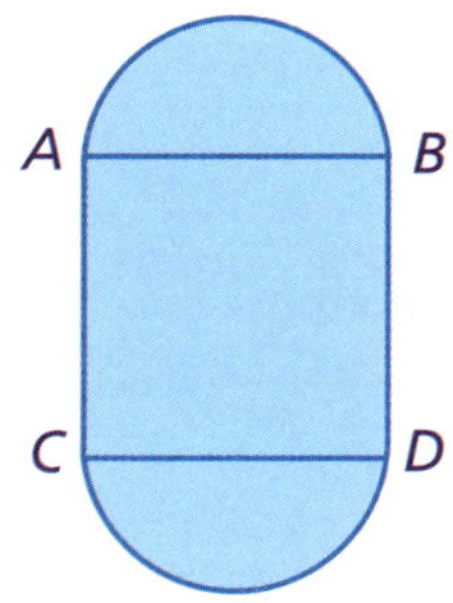

Corrigés → livret, p. 16

39 Volumes

→ Les volumes se mesurent à l'aide du **mètre cube** (m^3), de ses multiples et sous-multiples.

→ Pour les liquides, on utilise comme unité le **litre** (L) avec **1 L = 1 dm^3**.

→ Un parallélépipède de longueur L, de largeur ℓ et de hauteur h a pour volume : $V = L \times \ell \times h$.

→ Un cube de côté c a pour volume : $V = c \times c \times c$.

1 Complète.

a. 2,3 cm^3 = ... mm^3

b. 41 700 cm^3 = ... dm^3

c. 1 500 cL = ... hL

d. 41,5 dL = ... daL

e. 3 500 mm^3 = ... L

f. 3,57 hL = ... dm^3

Conseil
Utilise un tableau semblable à celui donné en début d'ouvrage sur la page de couverture.

2 Calcule, en litres, le volume de la boisson préparée par Yves.

Pour ses camarades invités au goûter, Yves a mélangé dans un récipient 30 cL de jus d'orange, 0,60 dm^3 de jus de banane et 1 250 cm^3 d'eau.

» ....

....

....

....

À savoir
Convertis tous les volumes dans la même unité.

3 Dans chaque cas, indique l'unité m^3, L, dL, cL ou mL adaptée.

a. Une piscine de 100 ....

b. Un verre de 18 ....

c. Une goutte d'eau de 4 ....

d. Un seau de 8 ....

e. Une baignoire de 0,2 ....

f. Une casserole de 15 ....

4 Résous le problème.

Une piscine a la forme d'un parallélépipède rectangle qui mesure 15 m de long, 8 m de large et 2 m de profondeur. On veut la remplir aux neuf dixièmes de sa hauteur.

a. Calcule le volume de la piscine en mètres cubes et la quantité d'eau nécessaire en litres.

» ....

....

....

On ne remplit qu'une partie de la piscine.

b. Le robinet qui la remplit débite 200 L à la minute. Quel est le temps de remplissage ?

» ....

....

....

....

5 **Calcule les volumes des cubes suivants.**

a. Il faut 27 cubes de 4 cm de côté pour le remplir.

» ....

....

b. Pour réaliser ses arêtes, il faut 120 cm de baguette.

» ....

....

....

Conseil
Compte le nombre d'arêtes, puis détermine la dimension du cube

c. L'aire de son patron fait 96 cm^2.

» ....

....

....

6 **Résous ce problème d'aquarium.**

L'aquarium de Marie a la forme d'un parallélépipède rectangle. Quand elle verse 4 L, le niveau monte de 6 cm.

a. De combien monte le niveau quand elle y verse 8 L ?

» ....

b. De combien monte le niveau quand elle y verse 6 L ?

» ....

c. Combien de litres d'eau doit-elle verser pour que le niveau monte de 15 cm ?

» ....

7 **Détermine la hauteur d'un parallélépipède rectangle qui a une longueur de 15 cm, une largeur de 8 cm et un volume de 960 cm^3.**

» ....

....

....

....

Conseil
Le contraire de multiplier par 120 est diviser par 120.

8 **Détermine le nombre de trajets que Maurice devra effectuer pour remplir la cuve.**

Dans son potager, Maurice a installé une cuve de 1 m^3. Elle est vide et il doit la remplir à l'aide de deux arrosoirs dont la contenance est 10 L chacun.

» ....

....

....

....

Corrigés → livret, p. 16

Quiz Bilan !

LEÇON 31 p. 51

1 **4 cm est la longueur de :**

- ☐ **A.** (*BA*).
- ☐ **B.** [*AB*).
- ☐ **C.** [*BA*).
- ☐ **D.** [*BA*].

2 ***A*, *M* et *T* sont trois points distincts alignés tels que *TA* = *TM*. On a alors :**

- ☐ **A.** *T* est le milieu de [*AM*].
- ☐ **B.** *A* est le milieu de [*TM*].
- ☐ **C.** *M* est le milieu de [*AT*].
- ☐ **D.** *A* = *M*.

3 **Quelle est la figure ayant le plus grand périmètre ?**

☐ **A.**

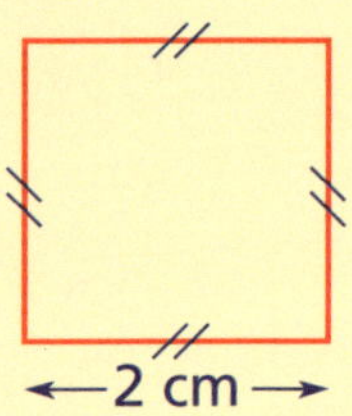

☐ **C.**

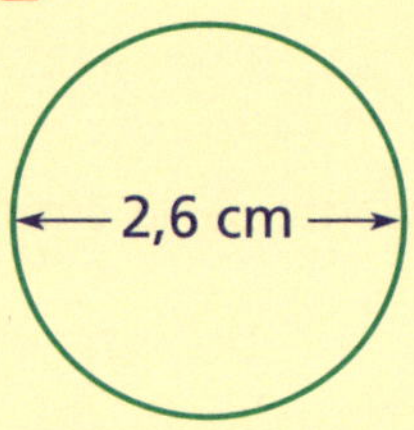

☐ **B.**

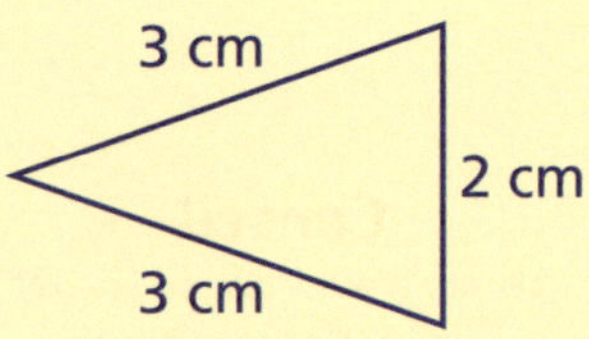

☐ **D.**

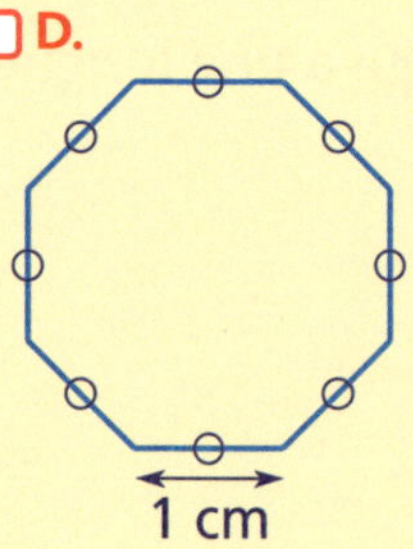

LEÇON 32 p. 52

4 **Que vaut 0,037 dam ?**

- ☐ **A.** 3,7 mm
- ☐ **B.** 370 mm
- ☐ **C.** 3 700 mm
- ☐ **D.** 37 000 mm

5 **Un rectangle a pour longueur 1 dm et pour largeur 3 cm. Combien mesure son périmètre ?**

- ☐ **A.** 4 cm
- ☐ **B.** 8 cm
- ☐ **C.** 13 cm
- ☐ **D.** 26 cm

LEÇON 33 p. 53

6 **L'angle marqué en rouge se nomme :**

- ☐ **A.** $\widehat{AOC}$.
- ☐ **B.** $\widehat{BOC}$.
- ☐ **C.** $\widehat{AOB}$.
- ☐ **D.** $\widehat{OAB}$.

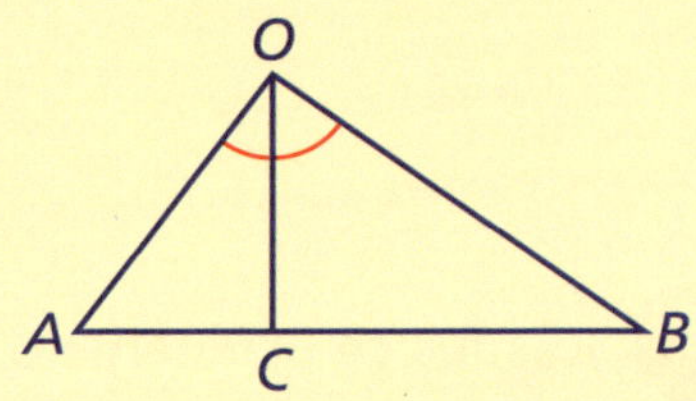

7 **Sans utiliser de rapporteur, quelle est l'affirmation fausse ?**

- ☐ **A.** $\widehat{xOy}$ est aigu.
- ☐ **B.** $\widehat{xOy}$ mesure 60°.
- ☐ **C.** $\widehat{yOx} = \widehat{xOy}$.
- ☐ **D.** $\widehat{xOy}$ mesure 120°.

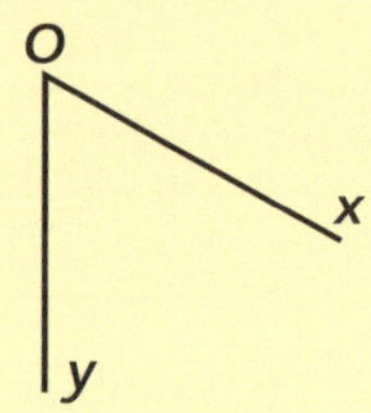

8 **Un angle, qui mesure 172°, est :**

- ☐ **A.** aigu.
- ☐ **B.** droit.
- ☐ **C.** obtus.
- ☐ **D.** plat.

LEÇON 34 p. 54

9 **Un professeur demande de construire un angle de 67°. Quel est le bon dessin ?**

☐ **A.**

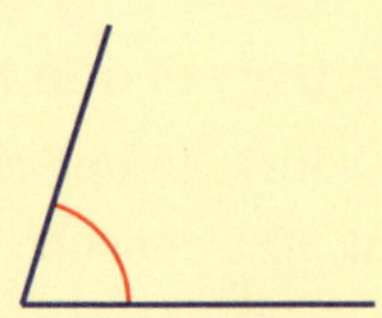

☐ **C.**

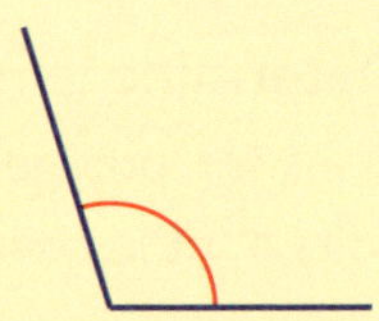

☐ **B.**

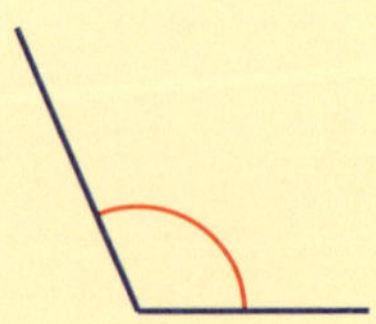

☐ **D.**

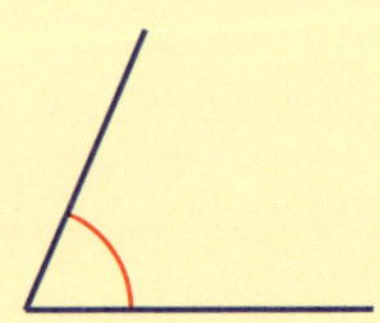

10 **Quel est le seul triangle constructible ?**

- ☐ **A.** un triangle avec deux angles droits
- ☐ **B.** un triangle rectangle avec un angle obtus
- ☐ **C.** un triangle rectangle équilatéral
- ☐ **D.** un triangle rectangle isocèle

LEÇON 35 p. 55

11 **Que valent 3 h 25 min ?**

- ☐ **A.** 325 min
- ☐ **B.** 180 min
- ☐ **C.** 205 min
- ☐ **D.** 145 min

12 **À quelle heure finit un film d'une durée de 90 minutes qui débute à 20 h 35 min ?**

- ☐ **A.** 20 h 125 min
- ☐ **B.** 21 h 25 min
- ☐ **C.** 22 h 5 min
- ☐ **D.** 21 h 55 min

LEÇON 36 p. 56

13 **Laquelle des quatre masses est la plus importante ?**

- ☐ **A.** 23,7 dg
- ☐ **B.** 225 cg
- ☐ **C.** 2 340 mg
- ☐ **D.** 0,024 hg

14 **Une baguette de 250 grammes coûte 0,73 euro. Quel est le prix au kilo de la baguette ?**

- ☐ **A.** 4 euros
- ☐ **B.** 2,92 euros
- ☐ **C.** 4,73 euros
- ☐ **D.** On ne peut pas savoir.

LEÇON 37 p. 57

15 **Que valent 17,2 ha en m^2 ?**

- ☐ **A.** 0,172
- ☐ **B.** 17,2
- ☐ **C.** 1 720
- ☐ **D.** 172 000

16 **Quelle est, en cm^2, l'aire du triangle rectangle ?**

- ☐ **A.** 3,84
- ☐ **B.** 7,68
- ☐ **C.** 9,6
- ☐ **D.** 15,36

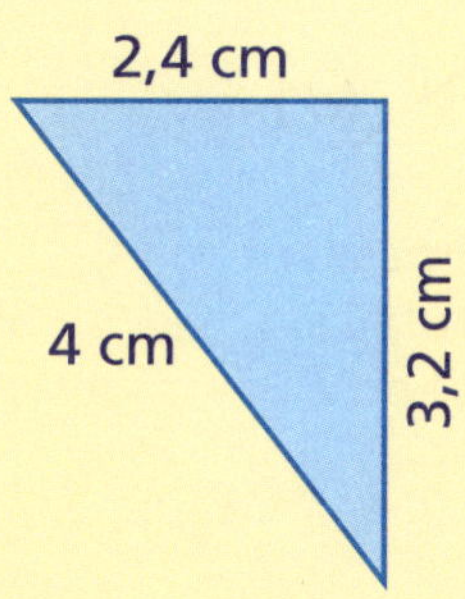

LEÇON 38 p. 58

17 **Que vaut l'aire de la figure ?**

- ☐ **A.** 10,5
- ☐ **B.** 16,25
- ☐ **C.** 20
- ☐ **D.** 22,25

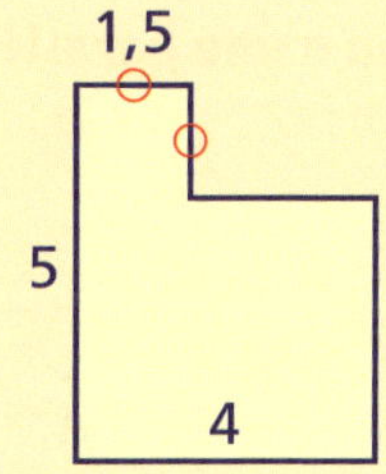

18 **On note *A* l'aire de la figure ci-dessous. Un encadrement de *A* est :**

- ☐ **A.** $A = 6$.
- ☐ **B.** $6 < A < 20$.
- ☐ **C.** $16 < A < 20$.
- ☐ **D.** $6 < A < 10$.

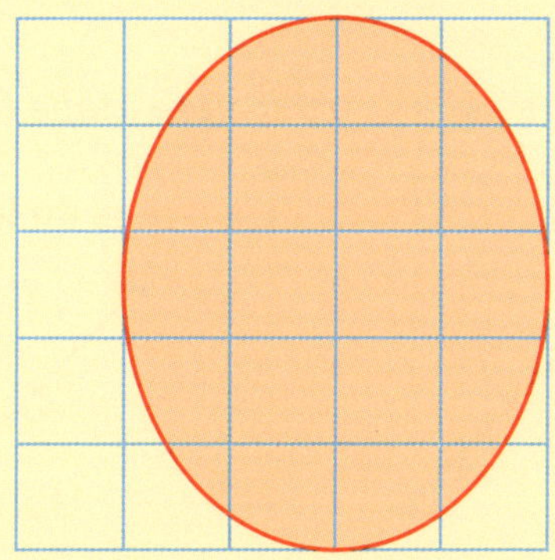

LEÇON 39 p. 60

19 **Un parallélépipède rectangle a pour dimensions 5 cm, 3 cm et 0,5 dm. Son volume est :**

- ☐ **A.** 7,5 cm^3.
- ☐ **B.** 8,5 cm^3.
- ☐ **C.** 75 cm^3.
- ☐ **D.** 7 500 cm^3.

20 **175 cL correspondent à :**

- ☐ **A.** 175 cm^3.
- ☐ **B.** 1,75 dm^3.
- ☐ **C.** 17,5 cm^3.
- ☐ **D.** 0,175 dm^3.

Si tu as 15/20 ou plus, **BRAVO !**

Inscris ton score ... / 20

Corrigés → livret, p. 16

Constructions

Construction d'une parallèle à une droite (*d*) donnée passant par un point *A*.

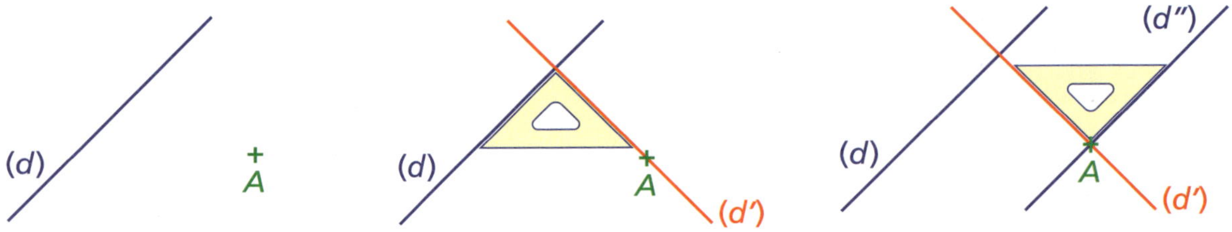

On a la droite (*d*)
et le point *A*.

étape 1

On construit (*d*′)
la perpendiculaire à (*d*)
passant par *A*.

étape 2

On construit (*d*″)
la perpendiculaire à (*d*′)
passant par *A*.
On a (*d*″) parallèle à (*d*).

étape 3

Remarque : seule la dernière étape figure sur une copie.

Construction à l'aide du compas de la médiatrice d'un segment [*AB*].

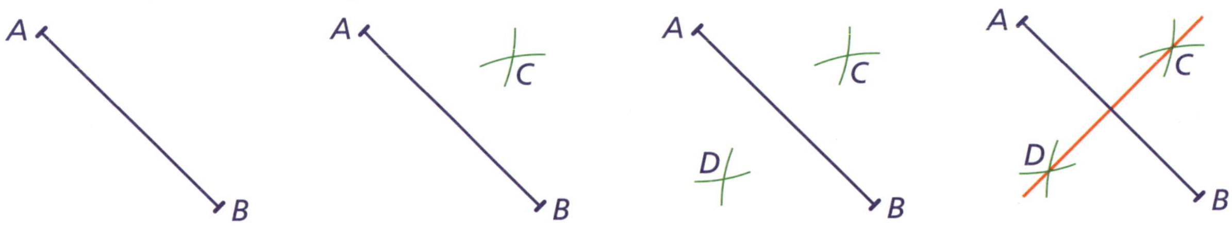

On a le segment [*AB*].

étape 1

On trace deux arcs de
cercles de centres *A*
et *B* et de même rayon
qui se coupent en *C*.

étape 2

On trace deux autres
arcs de cercles
de centres *A* et *B*
et de même rayon
qui se coupent en *D*.

étape 3

La droite (*CD*) est
la médiatrice de [*AB*].

étape 4

N.B. **:** Pour construire le milieu *I* de [*AB*], on construit la médiatrice de [*AB*] et son intersection avec (*AB*) est le point *I*.

Construction du symétrique d'un point par rapport à une droite

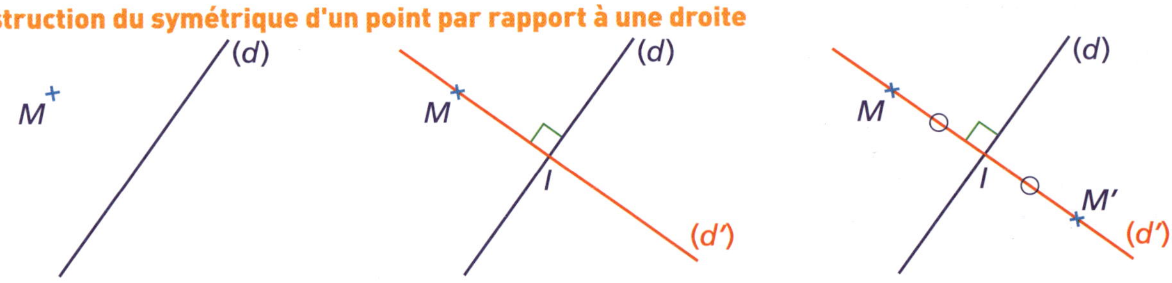

On a la droite (*d*)
et le point *M*.

étape 1

On trace la droite (*d*′) passant
par *M* et perpendiculaire
à (*d*) ; (*d*′) coupe (*d*) en *I*.

étape 2

Sur (*d*′), on place *M*′
tel que *MI* = *IM*′.

étape 3

Achevé d'imprimer en Avril en Espagne par Unigraf
Dépôt légal : avril 2019 - Édition 02
75/5665/8